DAS GEOGRAPHISCHE SEMINAR

HERAUSGEGEBEN VON PROF. DR. EDWIN FELS, PROF. DR. ERNST WEIGT UND
PROF. DR. HERBERT WILHELMY

GEORG JENSCH

DIE ERDE
und ihre Darstellung im Kartenbild

westermann

© Georg Westermann Verlag
Druckerei und Kartographische Anstalt
Braunschweig 1970
2. Auflage 1975
Verlagslektor: Theo Topel
Gesamtherstellung: Westermann, Braunschweig 1975

ISBN 3-14-160286-7

Inhalt

	Seite
Vorwort	7
DIE ERDE ALS PLANET	9
Die Erde im Weltall	9
Die Erde als Sonnentrabant	11
Gestalt und Größe der Erde	14
Die Bewegungen der Erde	28
Die Orientierung auf der Erde	39
Die örtliche Orientierung	39
Die zeitliche Orientierung	45
DIE DARSTELLUNG DER ERDE IM KARTENBILD	51
Die Abbildung des Gradnetzes	52
Verkleinerung und Maßstab	52
Verebnung und Verzerrung	53
Kartennetze	56

Abstandstreue Konstruktion auf dem erdachsigen Berührungskegel 56 — Konstruktion auf dem erdachsigen Berührungskegel in vereinfachter Form 58 — Konstruktion auf dem erdachsigen Berührungskegel in erweiterter Form nach BONNE 59 — Konstruktion auf dem erdachsigen Schnittkegel nach DELISLE 60 — Orthographische Konstruktion auf der erdachsigen Ebene 64 — Orthodromische, zentrale oder gnomonische Konstruktion auf der erdachsigen Ebene 64 — Stereographische Konstruktion auf der erdachsigen Ebene 66 — Flächentreue Konstruktion auf der erdachsigen Ebene nach LAMBERT 67 — Äquidistante oder mittabstandstreue Konstruktion auf der erdachsigen Ebene 68 — Äquidistante oder mittabstandstreue Konstruktion auf der schief- und querachsigen Ebene 69 — Flächentreue Konstruktion auf der schief- und querachsigen Ebene nach LAMBERT 72 — Konstruktionen auf der querachsigen Ebene nach AITOFF und HAMMER 72 — Stereographische Konstruktion auf der schief- und querachsigen Ebene 74 — Flächentreue Konstruktion auf dem erdachsigen Berührungszylinder nach LAMBERT 74 — Flächentreue Konstruktion auf dem erdachsigen Schnittzylinder nach BEHRMANN 76 — Konstruktion auf dem erdachsigen Berührungszylinder (Quadratische Plattkarte) 78 — Winkeltreue Konstruktion auf dem Berührungszylinder nach MERCATOR 78 — Flächentreue oder sinuslinige Konstruktion auf dem erdachsigen Berührungszylinder nach MERCATOR-SANSON 83 — Flächentreue erdachsige Konstruktion nach MOLLWEIDE 83 — Flächentreue erdachsige Sinuslinienkonstruktion nach ECKERT 85 — Die Gradnetzabbildung in Karten großen Maßstabes 87 — Die geographische Eignung der Kartennetze 94

DIE DARSTELLUNG DER ERDRAUMBEZOGENEN SUBSTANZ	96
Die Kartenkategorien	96
Die Topographische Karte	99
Gliederungsgrundsätze	99

3

	Seite

Die Darstellung der topographischen Substanz 103
   Die graphische Darstellung des Reliefs 104 — Die graphische Darstellung der übrigen topographischen Erscheinungen 124 — Die Generalisierung 128

Die Thematische Karte 135

Gliederungsgrundsätze 136

Die Darstellung der thematischen Substanz 141
   Die Zuordnung von thematischer Aussage und graphischem Ausdruck 150 — Der Wertmaßstab 161 — Bewegungs- und Entwicklungskarten 164 — Die topographische Trägerkarte 165

Literatur 168

Register 170

Abbildungen

Abb. 1: Die Abmessungen im Planetensystem 14
Abb. 2: Die Bestimmung von Breitendifferenzen durch astronomische Winkelmessungen 15
Abb. 3: Messung des Erdumfangs, nach ERATOSTHENES 17
Abb. 4: Zur Berechnung der Schwerebeschleunigung aus Anziehungskraft und Fliehkraftkomponente 19
Abb. 5: Profilabweichung des Geoids vom Rotationsellipsoid 20
Abb. 6: Geoidundulationen in 0° und 40° nördlicher Breite nach WHIPPLE und KÖHNLEIN 22
Abb. 7a + b: Geoid nach IZSAK, dargestellt durch 10-m-Linien gleicher Abweichung vom Idealellipsoid 24/25
Abb. 8: Bestimmungsgrößen des Rotationsellipsoids 25
Abb. 9: Nachweis der Erddrehung durch den Pendelversuch nach FOUCAULT .. 29
Abb. 10: Rechtsablenkung auf der Nord-, Linksablenkung auf der Südhalbkugel 31
Abb. 11: Die Revolution der Erde 32
Abb. 12: Schiefe der Ekliptik und Beleuchtungshalbkugeln in den vier besonderen Stellungen der Erde in ihrer Bahn 34
Abb. 13: Präzession und Nutation 37
Abb. 14: Zur örtlichen Orientierung auf der Erde 40
Abb. 15: Zur Bestimmung der geographischen Breite 42
Abb. 16: Zur Entfernungsmessung auf der Erdoberfläche 44
Abb. 17: Orthodrome und Loxodrome 44
Abb. 18: Zur Erläuterung von Stern- und Sonnentag 46
Abb. 19: Änderung der Zeitgleichung während eines Jahres 48
Abb. 20: Verzerrungsellipse (Indikatrix) 54

	Seite
Abb. 21a: Abstandstreue Netzkonstruktion auf dem erdachsigen Berührungskegel	56
Abb. 21b: Gradnetz nach der abstandstreuen Konstruktion auf dem erdachsigen Berührungskegel	56
Abb. 22: Gradnetz nach der Konstruktion auf dem erdachsigen Berührungskegel in vereinfachter Form	58
Abb. 23: Gradnetz nach der Konstruktion auf dem erdachsigen Berührungskegel in erweiterter Form (nach BONNE)	60
Abb. 24a: Netzkonstruktion auf dem erdachsigen Schnittkegel (nach DELISLE)	61
Abb. 24b: Gradnetz nach der Konstruktion auf dem erdachsigen Schnittkegel (nach DELISLE)	61
Abb. 25: Gradnetz nach der orthographischen Konstruktion auf der erdachsigen Ebene	63
Abb. 26: Gradnetz nach der orthodromischen Konstruktion auf der erdachsigen Ebene	65
Abb. 27: Gradnetz nach der stereographischen Konstruktion auf der erdachsigen Ebene	66
Abb. 28: Gradnetz der flächentreuen Konstruktion auf der erdachsigen Ebene (nach LAMBERT)	68
Abb. 29: Gradnetz nach der äquidistanten Konstruktion auf der erdachsigen Ebene	69
Abb. 30: Äquidistante oder mittabstandstreue Gradnetzkonstruktion auf der schiefachsigen Ebene	70
Abb. 31a + b: Gradnetz nach der äquidistanten oder mittabstandstreuen auf der schief- (a) und querachsigen (b) Ebene	70
Abb. 32a + b: Gradnetz nach der flächentreuen Konstruktion auf der schief- (a) und querachsigen (b) Ebene	72
Abb. 33a + b: Gradnetz nach den Konstruktionen von AITOFF (a) und HAMMER (b) auf der querachsigen Ebene	73
Abb. 34a + b: Gradnetz nach der stereographischen Konstruktion auf der schief- (a) und querachsigen (b) Ebene	74
Abb. 35: Gradnetz nach der flächentreuen Konstruktion auf dem Berührungszylinder (nach LAMBERT)	75
Abb. 36: Gradnetz nach der flächentreuen Konstruktion auf dem erdachsigen Schnittzylinder (nach BEHRMANN)	
Abb. 37: Gradnetz nach der Konstruktion auf dem erdachsigen Berührungszylinder (Quadratische Plattkarte)	77
Abb. 38a: Schrittweises Auffinden der Parallelkreisabstände bei der winkeltreuen Gradnetzkonstruktion auf dem erdachsigen Berührungszylinder (nach MERCATOR)	79
Abb. 38b: Gradnetz nach der winkeltreuen Konstruktion auf dem erdachsigen Berührungszylinder (nach MERCATOR)	80

Abb. 39: Gradnetz nach der sinuslinigen Konstruktion auf dem erdachsigen Berührungszylinder (nach MERCATOR-SANSON) 82
Abb. 40: Gradnetz nach MOLLWEIDES flächentreuer erdachsiger Konstruktion .. 84
Abb. 41: Gradnetz nach ECKERTS flächentreuer erdachsiger Sinuslinienkonstruktion 85
Abb. 42: Eckteile korrespondierender Karten- und Kartenrahmen-Felder von zwei Meßtischblättern 89
Abb. 43: Der Gittersprung 92
Abb. 44: Diagramm der Maßstabsfunktion 101
Abb. 45: Reliefprofil mit Schnittspuren äquidistanter Ebenen 107
Abb. 46: Haupt- und Hilfshöhenlinien 109
Abb. 47: Zuordnung von Äquidistanz, Maßstab und Relief 130
Abb. 48: Sättigungs- und Intensitätsdiagramm 147
Abb. 49: Rasterdiagramm 154
Abb. 50: Kurvendiagramm der Maßstabsfunktion $B^n = k \cdot N$ 164

Tabellen

Tab. 1: Die wichtigsten Bestimmungsgrößen der Sonne und ihrer Planeten ... 13
Tab. 2: Die ältesten Messungen des Erdumfanges 18
Tab. 3: Die wichtigsten Meßwerte für das Rotationsellipsoid „Erde" nach W. BESSEL (1841) und J. F. HAYFORD (1909) 27
Tab. 4: Die Berechnungsformeln für die Erde als Kugel 28
Tab. 5: Die Abmessungen der Erdbahnellipse 32
Tab. 6: Die Lagebeziehungen der Nullmeridiane 40
Tab. 7: Die Amtlichen Deutschen Kartenwerke 99
Tab. 8: Die Amtlichen Kartenwerke Europas in den Maßstäben 1 : 5000 bis 1 : 625 000 102
Tab. 9: Empfehlenswerte Äquidistanz in m (nach E. IMHOF) 109
Tab. 10: Zuordnung von Böschungswinkeln und Böschungsschraffen 112
Tab. 11: Die konventionellen Farbstufen in der Zuordnung zu den einzelnen Höhen- und Tiefenstufen 119
Tab. 12: Zuordnung von thematischer Aussage und graphischem Ausdruck 149
Tab. 13: Kombination von Farbe und Signatur .... Beilage

Farbige Kartenbeilagen (Kartographie und Druck: List Verlag München):
Farbkreis mit Beispiel einer Intensitätsabstufung,
Darstellung für artverschiedene—wertgleiche Sachverhalte,
Darstellung für artgleiche—wertverschiedene Sachverhalte,
Darstellung für artverschiedene—wertverschiedene Sachverhalte,
Darstellung für artgleiche—wertgleiche Sachverhalte.

Vorwort

Die Anregung, das in diesem Band behandelte Thema für „Das Geographische Seminar" zu schreiben, geht auf meinen hochverehrten Lehrer und Förderer, WALTER BEHRMANN, zurück, einen Wissenschaftler, der aus der Schule HERMANN WAGNERS kam. Sein Anliegen, die sogenannte „Mathematische Geographie" weiterhin den Studierenden nahezubringen, entsprang dieser Schule ebensosehr wie der gewonnenen Überzeugung, daß das Wissen um die Erde als ein Himmelskörper wie ihre Darstellung im Kartenbild zum unentbehrlichen Rüstzeug eines Geographen gehört. Die Überzeugung wurde — auch beim Verfasser — in dem gleichen Maße bestärkt, wie einerseits die Geographie sich anschickte, dieses Wissen zu vernachlässigen und wie andererseits das Zeitalter der intensivierten Weltraumforschung solches Wissen bis zu einem gewissen Grade erheischt. So ist dieses Manuskript entstanden aus offenbar gewordenen Mängeln mit dem Ziel, Abgetanes wieder zu beleben.

Seit HERMANN WAGNER hat sich die Kartographie zu einem weitgehend selbständigen Wissenschaftszweig entwickelt. War es ihm noch möglich, sie im Rahmen der mathematischen Geographie abzuhandeln, so vor allem deshalb, weil sie sich im wesentlichen in der Behandlung der Kartennetzentwürfe erschöpfte. Somit war ein logischer Zusammenhang mit der mathematischen Betrachtungsweise in der Geographie gegeben. Inzwischen aber haben sich in der Kartographie zwei Schwerpunkte herausgebildet, die diesen Zusammenhang sprengen: die Darstellung des Reliefs und das weite Gebiet der thematischen Kartographie. Hieraus ergibt sich zwangsläufig die Aufspaltung des hier behandelten Gesamtstoffgebietes in zwei Teile, die nur noch in loser Verbindung miteinander stehen. Sie immerhin beachtend, bietet sich an, das Kapitel über die Kartennetze im inhaltlichen Aufbau als überleitendes Verbindungsglied einzusetzen.

Es hätte in der Natur der Sache gelegen, insbesondere den zweiten Inhaltsteil mit beispielhaften Illustrationen auszustatten. In Anbetracht der Aufwendigkeit, die sich dann aus der notwendigen Einbeziehung der farbigen

Darstellung ergeben hätte, war das leider nicht möglich. So mußte zeichnerische Erläuterung im wesentlichen auf die Schwarz-Weiß-Darstellung beschränkt bleiben, und sie ist auch nur dort angewendet worden, wo es für die Erleichterung des Verstehens notwendig erschien. Selbst hier aber ergab sich ein reichhaltiges Ausstattungsprogramm, für dessen Annahme ich dem Verlag Georg Westermann zu Dank verpflichtet bin. Ebenso danke ich ihm für die große Geduld, die er für seinen Autor aufzubringen hatte. In gleicher Weise darf ich an dieser Stelle dem Verlag Paul List gegenüber noch einmal meinen herzlichen Dank wiederholen; er hatte es in großzügigster Weise übernommen, die farbigen Beilagen zu drucken. Viel Unterstützung und Ratschläge verdanke ich den Herausgebern. Ihre Mühewaltung und Nachsicht waren mir große Hilfe. Für die Besorgung der Zeichnungen und deren Entwürfe gebührt schließlich besonderer Dank meinen kartographischen Mitarbeitern Frau Ing. grad. RENATE ZYLKA und Herrn Ing. grad. GERHARD KRÄMER.

Berlin, im Sommer 1969 GEORG JENSCH

Die Erde als Planet

Die Erde im Weltall

Der Weltraum ist in seiner Unbegrenztheit der menschlichen Vorstellung unzugänglich. Er wird es auch bleiben, denn es liegt im Wesen der Schöpfung, daß der Mensch als Teil derselben niemals die Grenzen seiner Endlichkeit überspringen und damit die Unendlichkeit begreifen kann. Diese Feststellung gilt ungeachtet der Möglichkeiten, forschend und erkennend in den Weltraum vorzudringen, und sie wird getroffen, um dem menschlichen Vermögen den rechten Maßstab anzulegen.

Jene Möglichkeiten haben die Menschen nicht erst heute, sondern seit jeher erkannt und auch genutzt. Dem gestirnten Himmel galt schon immer ihr wissenschaftliches Interesse. Ausgehend von der Beobachtung der rund 2500 Sterne, die mit bloßem Auge an der jeweils sichtbaren Himmelshalbkugel wahrnehmbar sind, wurde im Laufe von mehr als zwei Jahrtausenden mit optischen Hilfsmitteln ein Milliardenheer von Himmelskörpern entdeckt, und gerade schickt sich die Menschheit an, mit Hilfe von Weltraumraketen diese Zahlen ins Gigantische zu steigern. Es ging und geht aber bei dieser Entschleierung des Weltraumes nicht allein um Zahlen, im Vordergrund standen und stehen vielmehr die Gesetzmäßigkeiten, denen dieses Riesenheer von Himmelskörpern gehorcht. Diese Ordnung in der scheinbaren Regellosigkeit zu finden, war und ist das Bestreben.

Nach heutiger Kenntnis lassen sich die Sternmassen in bestimmte, in sich geschlossene Rotationssysteme ordnen, die gemäß der Anordnung der Einzelobjekte in ihnen entweder spiralige, elliptische oder unregelmäßige Gestalt haben können. Etwa 20 000 solcher Systeme, deren jedes aus mehreren Milliarden Himmelskörpern besteht, sind gegenwärtig bekannt. Der Abstand des von der Erde beobachtbaren entferntesten Sternsystems — auch Nebel genannt, weil Einzelheiten nicht mehr auszumachen sind — beträgt ca. $5,3 \cdot 10^8$ Lichtjahre (= 530 Mill. Lichtjahre = 5000 Trill. km).

Die Entfernungen der der Erde nächsten Systeme liegen in der Größenordnung von 10^5 bis 10^6 Lichtjahren[1] (100 000 bis 1 Mill. Lichtjahre = 0,95 bis 9,5 Trill. km). Zu ihnen lassen sich etwa 17 Systeme rechnen, deren größte mit einem Durchmesser von je ca. $8 \cdot 10^4$ = 80 000 Lichtjahren (= 0,76 Trill. km) der Andromeda-Nebel und die Milchstraße sind. Beide wurden als Spiralsysteme erkannt, die als Nachbarn immerhin noch einen gegenseitigen Abstand von $2,3 \cdot 10^6$ Lichtjahren haben.

Das Milchstraßensystem — am nächtlichen Himmel durch das schimmernde Schleierband der Galaxis erkennbar — besteht aus einem Schwarm von schätzungsweise 10 Mrd. Sternen, die sich in Form einer flachen linsenähnlichen Spirale um eine auf der Milchstraßenebene senkrecht stehende Rotationsachse bewegen. Dieses offenbar symmetrische Rotationssystem ist — obgleich nur eines der bekannten 20 000 — noch von einer alle menschlichen Vorstellungen übertreffenden Ausdehnung. Die Spirale hat einen Durchmesser von $8 \cdot 10^4$ Lichtjahren (= 80 000 Lichtjahre = 0,76 Trill. km) und eine Dicke von 10^4 Lichtjahren (= 10 000 Lichtjahre = 95 000 Bill. km); ihre Abmessung in Richtung der Achse beträgt also nur ein Achtel des Durchmessers. Dabei ist die Sterndichte aber nicht überall gleich. Es gibt dunklere Löcher und hellere Sternwolken. In einer solchen Wolke befindet sich als ein fast unscheinbarer Himmelskörper des rotierenden Milliardenheeres allein des Milchstraßensystems die Sonne mit ihren Trabanten einschließlich der Erde. Ihre Entfernung vom Rotationszentrum beträgt rund $3,2 \cdot 10^4$ Lichtjahre (= 32 000 Lichtjahre = 0,3 Trill. km). Sie hat also eine exzentrische Stellung im Rotationssystem und benötigt in einer solchen etwa 200 Mill. Jahre für einen einzigen Umlauf. Das bedeutet — wenn das Alter der Erde auf 5 Mrd. Jahre veranschlagt wird —, daß diese als ein Sonnentrabant bisher erst 25 Umläufe miterlebt hat. Die Frage liegt nahe, ob diese Umläufe für die Erdgeschichte irgendwie von Bedeutung gewesen sind. Spekulationen solcher Art kann aber in diesem Rahmen nicht nachgegangen werden. Im all-

---

[1] Ein Lichtjahr (= Weg, den das Licht bei einer Geschwindigkeit von 300 000 km/sec in einem Jahr zurücklegt) = $9,5 \cdot 10^{12}$ km = 9,5 Bill. km. In der Astronomie sind heute als Entfernungseinheiten die Astronomische Einheit (= mittlerer Radius der Erdbahn) und das Parsec (Parallaxensekunde) eingeführt. Das Parsec wird als die Entfernung definiert, aus der eine astronomische Einheit, also der mittlere Erdbahnhalbmesser, unter dem Parallaxenwinkel von 1″ erscheint. Über die Beziehungen der Entfernungseinheiten untereinander gibt folgende Zusammenstellung Auskunft:

	Kilometer	Lichtjahr	Astronomische Einheit	Parsec
1 km	1	$1,1 \cdot 10^{-13}$	$6,7 \cdot 10^{-9}$	$3,2 \cdot 10^{-14}$
1 LJ.	$9,5 \cdot 10^{12}$	1	$6,3 \cdot 10^4$	$3,1 \cdot 10^{-1}$
1 A. E.	$1,5 \cdot 10^8$	$1,6 \cdot 10^{-5}$	1	$4,8 \cdot 10^{-6}$
1 Pc.	$3,1 \cdot 10^{13}$	3,3	$2,1 \cdot 10^5$	1

gemeinen wird angenommen, daß die direkten Beziehungen zwischen der extrasolaren Welt und der Erde für diese so gut wie belanglos sind. Von größter Bedeutung dagegen erweisen sich die Einflüsse, die sich aus der Bindung der Erde an die Sonne ergeben.

Die Erde als Sonnentrabant

Wenn die Sonne auch nur ein Stern des Milchstraßensystems ist, so scheint sie doch ein besonderer zu sein, insofern nämlich, als eine Reihe größerer und kleinerer Trabanten an sie gebunden ist. Diese werden zum Unterschied von den selbstleuchtenden Sonnen oder Fixsternen als Planeten bezeichnet, die nur das empfangene Licht reflektieren. Infolge ihrer Leuchtschwäche sind sie über größere Entfernungen nicht mehr auszumachen, und das hat zunächst zu der Vermutung geführt, daß sämtliche Fixsterne solche Planetensysteme haben. Allem Anschein nach aber trifft das nicht zu, und es wird heute angenommen, daß nur wenige Fixsterne des Milchstraßensystems von Planeten umkreist werden. Diese Annahme beruht auf der Planeten-Ursprungs-Theorie von JAMES JEANS und CHAMBERLIN-MOULTON. Danach ist es denkbar, daß irgendwann einmal in der zeitlosen Geschichte des Weltalls in dem dort herrschenden verwickelten Bewegungsspiel die Sonne einem zweiten Fixstern sehr nahe gekommen ist. Infolge der großen Anziehungskräfte und der außergewöhnlich hohen Geschwindigkeiten mag es auf beiden Sternen zu enormen Gezeitenwirkungen gekommen sein, wodurch sich Materie loslöste, die fortan in Gestalt der Planeten den beteiligten Gestirnen zugeordnet blieb. Da die Entfernungen zwischen den einzelnen Fixsternen aber riesengroß sind und dazwischen sich eine gähnende Leere auftut, ist die Wahrscheinlichkeit der Begegnung zweier Fixsterne außerordentlich gering. Und das berechtigt zu der oben gemachten Annahme. — Natürlich ist die Frage nach dem Ursprung der Planeten ein weites Feld der Spekulation, wenn auch z. T. auf streng wissenschaftlicher Basis. So haben KANT und unabhängig von ihm LAPLACE die bekannte Nebularhypothese aufgestellt, nach der der Ursprung des Sonnensystems in einen langsam sich drehenden und sich zusammenziehenden Gasnebel verlegt wird. Durch die Zusammenziehung nahm, weil der Drehimpuls erhalten bleiben muß, die Rotationsgeschwindigkeit zu, was zur Ausbildung eines Äquatorwulstes führte. Dieser löste sich infolge der unaufhörlichen Geschwindigkeitssteigerung ab und bildete einen Gasring, der sich allmählich zu einem Planeten verdichtete. Der Vorgang soll sich dann mehrere

Male wiederholt haben bis die Sonne als Rest übrigblieb. — Neuerdings hat C. F. VON WEIZSÄCKER diese Hypothese modifiziert. Er nimmt einen scheibenförmigen Gasnebel um die Sonne an, in welchem turbulente Wirbel entstanden. Als deren Ergebnis sollte es in den Zwischenzonen zu planetaren Massenzusammenballungen gekommen sein. — Die Protoplaneten-Hypothese wiederum spricht die Sonne als den Teil eines Doppelsternes an. Der zweite Teil soll degeneriert sein und sich nicht wie die Sonne zu einem einzigen Stern verdichtet haben. Vielmehr sei er zerstreut worden und habe die Planeten gebildet.

Zum Sonnensystem gehören außer dem Zentralgestirn neun[1] große und neben zahlreichen Kometen und Meteorschwärmen ca. 1700 kleine Planeten, deren Durchmesser kleiner als der des Merkurs sind und bis 700 m herunterreichen. Tab. 1 gibt über die wichtigsten Daten dieser Himmelskörper Auskunft. Sie sind nach ihren mittleren Sonnenabständen geordnet, denen zufolge in bezug auf den Erdbahnhalbmesser von ca. 150 Mill. km die inneren von den äußeren Planeten unterschieden werden können. Die Erde nimmt hinsichtlich ihrer Größe als auch hinsichtlich ihres Sonnenabstandes eine Stellung im unteren der beiden Dimensionsbereiche ein.

Nach der Newtonschen Gravitationstheorie sind zwischen all den Himmelskörpern eines Systems und wiederum zwischen den Systemen selbst Anziehungs- und Trägheitskräfte wirksam, die zu einem bestimmten Gleichgewicht der Bewegungsformen dieser Körper führen. KEPLER hatte schon lange vor NEWTON die Bahnformen der Planeten als Ellipsen angesprochen und diese Wahrnehmung in seinem ersten Gesetz[2] niedergelegt. Genau genommen sind die Bahnen der Planeten jedoch nur quasi Ellipsen. Auf einer elliptischen Bahn bewegt sich wohl der Schwerpunkt eines Planetensystems, nicht aber der Planet selbst. So wird z. B. die elliptische Erdbahn nicht vom Erdmittelpunkt durchlaufen, sondern vom Schwerpunkt des Systems Erde-Mond. Da dieser aber infolge der Massenungleichheit beider Körper noch innerhalb der Erde liegt, kann die Abweichung von der elliptischen Bahn bei vielen Betrachtungen vernachlässigt werden. Praktisch umkreisen alle Planeten, insbesondere die neun großen, wie Elektronen ihren Atomkern, die Sonne als einen Brennpunkt in mehr oder weniger weitgespannten elliptischen Bahnen. Ihre Bahnebenen, deren Schnittlinien alle durch den Sonnenmittelpunkt gehen, verteilen sich jedoch nicht gleichmäßig über den Raum, sondern

---

[1] 1954 hat H. KRITZINGER einen 10. Planeten gesichtet, der dem Sonnensystem zugehören soll. Seine Bestimmungsgrößen sind jedoch noch nicht bekannt. Es ist der äußerste Sonnentrabant in einer Entfernung von 56 Erdabständen = 8,4 Mrd. km.

[2] Erstes Keplersches Gesetz: Die Bahnen der Planeten sind Ellipsen, in deren einem Brennpunkt die Sonne steht.

Tab. 1: *Die wichtigsten Bestimmungsgrößen der Sonne und ihrer Planeten*

Gestirn	Durchmesser am Äquator (in km)	Volumen (Erde = 1)	Masse (Erde = 1)	Dichte (Erde = 1)	Sonnenabstand (Mill. km) kleinster	mittlerer	größter	Anzahl der Trabanten	Siderische Umlaufzeit um die Sonne (Jahre und Tage)	Rotationszeit (Tage und Stunden)
Sonne	1 392 Mill.	1,3 Mill.	0,33 Mill.	0,25	—	—	—	9	—	$25^T\,38^h$
Merkur	5 140	0,066	(0,056)	0,80	46	58	70	—	87.97 T.	$(88)^T$
Venus	12 610	0,970	0,826	0,85	107	108	109	—	224.70 T.	?
Erde	12 757	1,000	1,000[1]	1,00	147	149,5	152	1	365.26 T.	$23^h\,56^m\,4^s$
Mars	6 860	0,154	0,108	0,70	207	228	249	2	686.98 T.	$24^h\,37^m\,23^s$
Jupiter	143 640	1 344,800	318,400	0,24	740	778	815	12	11.86 J.	$9^h\,50^m$
Saturn	120 570	766,600	95,200	0,12	1 347	1 426	1 506	9	29.46 J.	$10^h\,14^m$
Uranus	53 400	73,500	14,550	0,20	2 734	2 868	3 004	5	84.02 J.	$10^h\,45^m$
Neptun	49 700	59,200	17,300	0,29	4 457	4 494	4 534	2	164.79 J.	$15^h\,48^m$
Pluto	14 400	1,440	0,900	0,73	4 439	5 899	7 377	?	247.70 J.	16^h

[1] $5{,}977 \cdot 10^{24}$ kg

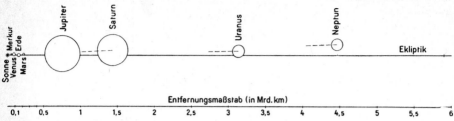

Abb. 1: *Die Abmessungen im Planetensystem*

scharen sich um eine Hauptrichtung (Abb. 1). Wenn die Ebene der Erdbahn als eine solche bevorzugte Richtung angenommen wird, so weichen alle anderen Bahnebenen (die des Planeten Pluto mit 17° 9′ ausgenommen) nicht mehr als um 7° (Merkur) von dieser Richtung ab.

Gestalt und Größe der Erde

Um die nicht ganz einfachen Bewegungen der Erde zu verstehen, die sie als ein Planet der Sonne in deren System vollführt, ist es notwendig, sich zunächst ein Bild von Gestalt und Größe des Planeten zu machen. Die alten Anschauungen von der Gestalt der Erde als einer Scheibe, eines Zylinders oder eines Würfels (PLATO) wurden schon im 4. Jahrhundert v. Chr. überwunden. Philosophen und Mathematiker wie PARMENIDES, ARISTOTELES, ARCHIMEDES und vor allem ERATOSTHENES konnten innerhalb von zwei Jahrhunderten glaubhaft machen, daß die Erde eine Kugel sei oder doch wenigstens eine der Kugel ähnliche Gestalt habe. Die Beobachtungen, die zu dieser Annahme führten und die hier nur ihrer historischen Bedeutung wegen wiederholt werden, waren kurz zusammengefaßt folgende:

a) Senkrecht über der Erdoberfläche sich erhebende Objekte sind entfernt stehenden Beobachtern nur in ihren oberen Teilen sichtbar (Mastspitzen).

b) Die Kimm, d. h. der natürliche Horizont (vom Beobachter wahrgenommene Begrenzungslinie zwischen Erdoberfläche und Himmel) erscheint bei ungehinderter Sicht kreisförmig.

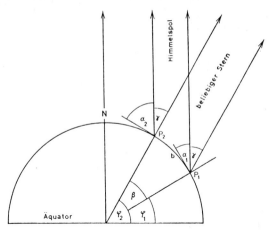

Abb. 2: Die Bestimmung von Breitendifferenzen durch astronomische Winkelmessungen

c) Bei Mondfinsternissen bildet sich der Erdschatten kreisförmig ab (ARISTOTELES).

d) Mit Standortsänderungen eines Beobachters in nördlicher und südlicher Richtung ändern sich die Polhöhen und die Kulminationshöhen der Sterne, bzw. neue Sterne tauchen am Horizont auf oder andere verschwinden.

e) Infolge der Schwerkraftwirkung in Richtung auf den Erdmittelpunkt kann eine homogene Masse erst dann einen Gleichgewichtszustand erreicht haben, wenn sie kugelförmig angeordnet ist (ARISTOTELES).

f) Jede ruhende Flüssigkeit hat eine gekrümmte Oberfläche (ARCHIMEDES).

Alle diese Erscheinungen sind nur auf einer gekrümmten Erdoberfläche möglich. Mit ihnen ist aber eben nur irgendeine Krümmung der Erdoberfläche erkannt, die Kugelgestalt der Erde ist damit — die physikalischen Beweise unter e) und f) unter gewissen Umständen ausgenommen — noch nicht bewiesen. Erst die Erdumsegelungen des 16. Jahrhunderts und der sich dann entwickelnde Weltverkehr sowie moderne Meßmethoden und photographische Aufnahmen aus dem Weltraum in der Gegenwart brachten mit gewissen Einschränkungen, wie noch zu zeigen ist, die Bestätigung dessen, was bereits vor Jahrtausenden vermutet worden war.

Auch über die Größe der Erdkugel liegen Aussagen bereits aus dem Altertum (Schätzungen bei ARISTOTELES und ARCHIMEDES) vor. Einer Größenbestimmung liegt folgende Überlegung zugrunde (Abb. 2): Bei Annahme der Kugelgestalt genügt zur Demonstration der Größe allein die Bestimmung des Halbmessers. Alle anderen Abmessungen lassen sich daraus errechnen. Da eine unmittelbare Radiusmessung nicht möglich ist, muß diese zunächst durch die Ermittlung des Umfanges der Erdkugel ersetzt werden, woraus der Halbmesser sich ja dann durch $U = 2\pi \cdot R$ und $R = \dfrac{U}{2\pi}$ ergibt. Der Umfang einer Kugel kann nur auf einem ihrer Großkreise bestimmt werden. Bei der Erde bieten sich dazu die Meridiankreise an, die jeweils genau in nordsüdlicher Richtung durch die beiden Pole laufen. Der Umfang eines solchen Kreises läßt sich aus der sogenannten Gradmessung finden, d. h. durch eine astronomische Winkelmessung und durch eine geodätische Streckenmessung. Ist b ein Bogenstück zwischen zwei Orten P_1 und P_2 und β der dazugehörige Zentriwinkel, so gilt $\dfrac{U}{b} = \dfrac{360°}{\beta}$ oder $U = b \cdot \dfrac{360°}{\beta}$.

Um den Umfang zu erhalten, kommt es also darauf an, b und β zu messen. b kann nur durch eine einfache Streckenmessung ermittelt werden, am genauesten (seit GEMMA FRISIUS 1533) mit Hilfe der Triangulation. Historisch gesehen aber machte gerade diese geodätische Messung weit mehr Schwierigkeiten als die astronomische Winkelbestimmung. Die Meßmethode war zwar geeignet, ungeeignet waren aber die vielen verschiedenen gebräuchlichen Maßeinheiten (Zoll, Fuß, Elle, Meile, Toise usw.). Die Größe des Winkels β ergibt sich aus der Differenz der Polhöhen α_1 und α_2 an den beiden Punkten P_1 und P_2. Als Polhöhe wird der Winkel bezeichnet, der sich zwischen der Tangentenebene des Beobachtungsortes (scheinbarer Horizont) und dem Visierstrahl zum Himmelspol (vgl. Bestimmung der geographischen Breite S. 41) ausbildet. Da die Winkel der Polhöhen genauso groß sind wie die hier hilfsweise eingeführten Winkel φ_1 und φ_2 (geographische Breiten), denn ihre Schenkel stehen senkrecht aufeinander, so folgt aus

$$\alpha_2 - \alpha_1 = \varphi_2 - \varphi_1 \quad \text{und} \quad \beta = \varphi_2 - \varphi_1, \quad \beta = \alpha_2 - \alpha_1.$$

An diesem Ergebnis ändert sich nichts, wenn die beiden Winkel durch einen jeweils gleichgroßen Winkel γ vergrößert bzw. verkleinert werden. Dann ist $\beta = (\alpha_2 \pm \gamma) - (\alpha_1 \pm \gamma) = \alpha_2 \pm \gamma - \alpha_1 \pm \gamma$ oder wiederum $\beta = \alpha_2 - \alpha_1$. Das bedeutet, daß der Polhöhenunterschied gleich ist dem Unterschied der Kulminationshöhen[1] eines beliebigen Sternes. Die astronomische Winkelmessung kann also an irgendeinem Stern im Augenblick seines Meridiandurchganges durchgeführt werden. Falls die geographischen Breiten der Orte bekannt sind, erübrigt sich die astronomische Winkelmessung überhaupt.

Ein im Prinzip ähnliches Verfahren benutzte ERATOSTHENES (um 275 bis 214 v. Chr.), dem bei seiner berühmt gewordenen Messung zwischen

---

[1] Ein Stern kulminiert an einem Ort, wenn er auf seiner Bahn den Ortsmeridian schneidet, denn dann erreicht seine Höhe über dem Beobachter ein Maximum.

Abb. 3: *Messung des Erdumfangs nach* ERATOSTHENES

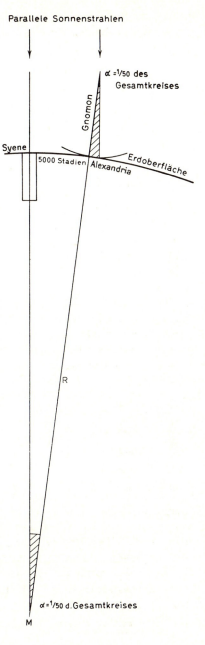

Alexandria und Syene, dem heutigen Assuan, ein erstes wirkliches Ergebnis gelang (vgl. Abb. 3). Ihm war berichtet worden, daß zur Sommersonnenwende in Syene die Sonne sich in einem tiefen Brunnen spiegele. Das konnte nur möglich sein, wenn die Strahlen dort senkrecht einfielen, d. h. bei Zenitstand der Sonne. In seiner Heimatstadt Alexandria stellte er fest, daß zur gleichen Zeit ein senkrecht aufgestellter Stab (Gnomon) einen kurzen Schatten warf, und zwar unter einem Winkel (α), der sich als der 50. Teil eines Ganzkreises erwies. Die Entfernung Alexandria—Syene war ERATOSTHENES bekannt, sie betrug auf Grund einer in Ägypten schon damals durchgeführten Vermessung 5000 Stadien. Daraus ließ sich der Erdumfang zu 50 · 5000 = 250 000 Stadien errechnen. Eine Übertragung dieses Ergebnisses ins metrische Maßsystem ist nicht möglich, da das Verhältnis von Stadion zu Meter unbekannt ist. Die Vermutungen schwanken zwischen 1 : 157,5 und 1 : 185, so daß im ersten Falle der von ERATOSTHENES gemessene Wert gegenüber dem heute gültigen von ca. 40 000 km mit 39 375 km zu klein, im anderen Falle mit 46 250 km zu groß wäre. Es ist nur natürlich, daß diese erste Messung mit Fehlern behaftet war, die sich schon allein daraus ergeben mußten, daß Assuan nicht genau unter dem Wendekreis, sondern 0,5° nördlicher, und auch nicht auf dem Meridian von Alexandria liegt, sondern 3° östlicher. Folglich war die Bedingung weder des Zenitstandes der Sonne noch der Messung auf einem Meridian erfüllt.

Ein weiterer Versuch, den Erdumfang zu bestimmen, wurde wiederum von einem hellenistischen Gelehrten (POSIDONIOS) durchgeführt. Nach langer Pause beschäftigten sich dann erst wieder die Araber und schließlich im 16. und 17. Jahrhundert vor allem die Franzosen mit dieser Aufgabe (Tab. 2).

Tab. 2: *Die ältesten Messungen des Erdumfanges*

ERATOSTHENES	um 240 v. Chr.	252 000 Stadien	700 Stadien/1° Breite
POSIDONIOS	um 100 v. Chr.	180 000 Stadien	500 Stadien/1° Breite
Araber (Mesopotamien)	827 n. Chr.	20 000 Meilen	56²/₃ Meilen/1° Breite
FERNEL	1525	39 820 km	110,6 km/1° Breite
NORWOOD	1634	40 284 km	111,9 km/1° Breite
PICARD	1670	40 035 km	111,21 km/1° Breite

Der genaue Meßwert PICARDS war kaum anerkannt, als die Vorstellung von der Kugelgestalt der Erde wieder ins Wanken geriet. Anlaß dazu gaben zwei Feststellungen:

a) Die Erfindung des Fernrohres (1610) ermöglichte eine genauere Beobachtung der anderen Planeten des Sonnensystems. Dabei wurde erkannt, daß z. B. die Planeten Jupiter und Saturn keine Kugelform haben, sondern an ihren Polen abgeplattet sind. Es lag nahe, eine solche Abplattung auch bei der Erde zu vermuten.

b) Mit Hilfe von freischwingenden Pendeln angestellte Messungen der Schwerebeschleunigung ergaben, daß diese auf der Erde nicht überall gleich ist, sondern daß sie vom Äquator zum Pol hin größer wird (RICHER 1672 und Pariser Akademie der Wissenschaften 1735—44). Das ist an sich nicht verwunderlich, wenn bedacht wird, daß die Schwerebeschleunigung (g) bei einer rotierenden Erde das Ergebnis zweier entgegengesetzt gerichteter Beschleunigungen ist: der der Anziehungskraft der Erde (A) einerseits und der einer Komponente der Fliehkraft (f) anderseits (Abb. 4), also $g_\varphi = A - f_\varphi$.

Die Größe der gesamten Fliehkraftbeschleunigung ist (ω = Winkelgeschwindigkeit)

$$F_\varphi = \omega^2 \cdot r_\varphi = \omega^2 \cdot R \cdot \cos\varphi ,$$

Abb. 4: *Zur Berechnung der Schwerebeschleunigung aus Anziehungskraft und Fliehkraftkomponente*

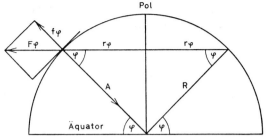

die der Anziehungskraftbeschleunigung A entgegengesetzten Komponente

$$f_\varphi = F_\varphi \cdot \cos \varphi = \omega^2 \cdot R \cdot \cos^2 \varphi.$$

Daraus folgt $\quad g_\varphi = A - \omega^2 \cdot R \cdot \cos^2 \varphi.$

Diese Gleichung besagt, daß die Schwerebeschleunigung mit zunehmender geographischer Breite φ größer werden muß, weil die Komponente der Fliehkraftbeschleunigung $\omega^2 \cdot R \cdot \cos^2 \varphi$ dabei kleiner wird.

Am Äquator ist $g_0 = A - \omega^2 R$, am Pol $g_{90} = A - 0$.

Damit hätten die Pendelversuche ihre Erklärung gefunden, ohne daß an der Kugelgestalt der Erde gezweifelt werden müßte, denn die obige Ableitung hat immer noch die Kugelgestalt zur Voraussetzung. Nun aber läßt sich nach dem Fliehkraftgesetz von HUYGENS der Faktor $\omega^2 \cdot R$, d. h. die Fliehkraftbeschleunigung am Äquator zu 3,391 cm/sec², errechnen, und das bedeutet, weil $g_0 - g_{90} = \omega^2 \cdot R$, daß der Unterschied der Schwerkraftbeschleunigung zwischen Äquator und Pol ca. 3,4 cm/sec² betragen sollte. In Wirklichkeit aber sind 5,186 cm/sec² festgestellt worden, und zwar ist am Äquator $g_0 = 978{,}046$ cm/sec², am Pol $g_{90} = 983{,}232$ cm/sec².

Da diese größere Differenz nicht mehr allein mit der Abnahme der Fliehkraftkomponente vom Äquator zum Pol zu erklären ist, muß zwingend gefolgert werden, daß die Anziehungskraftbeschleunigung A (vgl. Gleichungen für g_0 und g_{90}) nicht konstant bleibt, sondern in gleicher Richtung zunimmt. Wenn aber die Anziehungskraft zunimmt, so muß nach der Newtonschen Gravitationstheorie (Abnahme der Anziehungskraft mit dem Quadrat der Entfernung vom Mittelpunkt) die polare Erdachse kürzer sein als die äquatoriale. Das also läßt erst den Schluß zu, daß die Erde die Form eines Rotationsellipsoides bzw. — in der Terminologie seit LAPLACE und HUMBOLDT — eines Sphäroids haben könnte. C. F. GAUSS sprach später von einem elliptischen Revolutionssphäroid.

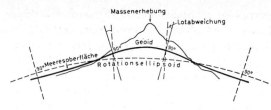

Abb. 5: *Profilabweichung des Geoids vom Rotationsellipsoid*

Es lag nahe, wenn schon die Annahme von der Kugelgestalt der Erde keine Gültigkeit mehr haben sollte, aus den gewonnenen Erkenntnissen auf einen in gleicher Weise einfach definierten geometrischen Körper zu schließen, zumal die von der Pariser Akademie der Wissenschaften angeordneten Kontrollmessungen der Meridianbögen in Lappland und Perú[1] deren unterschiedliche Längen in hohen und niederen Breiten erwiesen hatten (vgl. Abb. 8 und S. 26) und damit die Abplattung der Erde an den Polen bzw. das Rotationsellipsoid als die Erdform zu bestätigen schienen. Später vorgenommene genauere Gradmessungen stellten diese Theorie wiederum in Frage, und erstmals gab C. F. GAUSS (1828) den Hinweis, daß die Oberfläche der Erde nicht als die eines regelmäßigen geometrischen Körpers aufzufassen sei, sondern als eine physikalisch zu definierende Fläche, „welche überall die Richtung der Schwere senkrecht schneidet und von der die Oberfläche des Weltmeeres einen Teil ausmacht". Eine solche Fläche als Funktion der Schwerkraft weicht sowohl von der Oberfläche des Rotationsellipsoides als auch von der wirklichen Erdoberfläche ab (vgl. Abb. 5) — von jener, weil infolge der unterschiedlichen Massenverteilung in der Erdkruste das Schwerepotential nach Richtung und Intensität von Ort zu Ort wechselt, von dieser, weil deren vielfältige Reliefknitterung in praxi mathematisch nicht faßbar ist. Demnach ist sie also die idealisierte oder generalisierte Äquipotentialoberfläche der Erde und umschließt als solche einen Körper, der seit LISTING (1873) als Geoid bezeichnet wird. Aufgabe der Erdvermessung ist es seither, die Geoidschale mathematisch zu bestimmen, bzw. die Geoidundulationen in bezug auf ein mittleres Erdellipsoid, das der Geoidform am nächsten kommt, festzulegen.

Die Versuche, die Aufgabe zu lösen, sind gekennzeichnet durch zwei Verfahren (GROSSMANN 1966): das geometrische und das dynamische. Ersteres beruht auf der Ermittlung der Richtung der Schwerkraft, letzteres auf der Ermittlung ihrer Intensität. Im ersten Falle lassen sich die Geoidundulationen ableiten aus den Lotabweichungen, im zweiten Falle können sie errechnet

---

[1] Die Messungen in Lappland wurden 1736/37 von MAUPERTUIS und CLAIRAUT durchgeführt, die in Perú 1735—43 von BOUGUER und DE LA CONDAMINE.

werden aus den Schwereanomalien. In beiden Fällen aber bedarf es eines erdumspannenden Beobachtungs- und Meßnetzes sowie eines einheitlichen Bezugsellipsoides. Beiden Zielsetzungen standen lange Zeit Hindernisse aus nationalstaatlichen Erwägungen entgegen. Erst die Zeit nach dem I. Weltkrieg brachte allmählichen Wandel. Mit Hilfe des geometrischen Meßverfahrens entwickelte J. F. HAYFORD auf Grund ausgedehnter Messungen über ganz Nordamerika ein Erdellipsoid, das im Jahre 1924 als Bezugsellipsoid die Anerkennung der Internationalen Geodätischen und Geophysikalischen Union fand; kurze Zeit danach setzten Hunderttausende von den Amerikanern alljährlich von Schiff und Flugzeug aus durchgeführte Schweremessungen auf der ganzen Erde den Finnen W. A. HEISKANEN (1957) in die Lage, auf der Grundlage des von dem Mathematiker STOKES (1849) angegebenen dynamischen Verfahrens sein Columbusgeoid zu berechnen, das vor allem für die Nordhalbkugel detaillierte Aufschlüsse über die Geoidundulationen gibt. Neuerdings haben die Erdumkreisungen der künstlichen Satelliten neue Möglichkeiten, die Erdgestalt zu bestimmen, eröffnet. Mit ihnen ist gleichsam das wünschenswerte und für derartige Bestimmungen notwendige erdumspannende Stationsnetz geschaffen worden.

Auf Grund der Tatsache, daß die Satelliten ausgezeichnete Fixpunkte für eine laufende Großraumtriangulation abgeben, und auf Grund der Tatsache, daß sie außerordentlich empfindlich auf Wertunterschiede im Gravitationsfeld der Erde mit Taumelbewegungen reagieren, lassen sich durch sie in relativ kurzer Zeit hinreichend viele Meßdaten über die Richtungs- und Intensitätsabweichungen der Schwerkraft auf der Erde gewinnen, so daß es jetzt möglich erscheint, die Geoidundulationen bzw. die Geoidform selbst mit hoher Genauigkeit zu ermitteln. Erstes Ergebnis dieses kombinierten geometrisch-dynamischen Meßverfahrens — heute als Satellitenbahnmethode bezeichnet — war die Feststellung, daß die nördliche kleine Halbachse des Erdellipsoides um ca. 15 m länger ist als die südliche[1]. Das führte zu der Vorstellung, die Erde habe Birnenform — eine ungerechtfertigte Mißdeutung natürlich in Anbetracht der Abplattungsverkürzung dieser Halbachse in der Größenordnung von 21,5 km. — Ein zweites Resultat hat I. IZSAK vom Smithsonian Astrophysical Observatory (Cambridge/USA) mit dem Nachweis der Elliptizität des Erdäquators erbracht. Danach hat der Äquator eine große und eine kleine Achse und erfährt dadurch eine Streckung zwischen den beiden Punkten 19° westlicher und 161° östlicher Länge, also zwischen der Atlantikmitte und einem Punkt östlich Neuguineas, sowie entsprechend

---

[1] Nachgewiesen durch J. O'KEEFE und A. E. BAILIE (NASA) sowie Y. KOZAI (Smithsonian Astrophysical Observatory, Cambridge, Mass./USA).

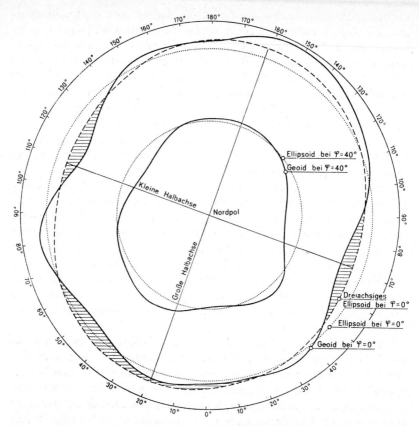

Abb. 6: *Geoidundulationen in 0° und 40° nördlicher Breite nach* WHIPPLE *und* KÖHNLEIN

eine Abplattung zwischen den Punkten 71° östlicher und 109° westlicher Länge (Malediven und Punkt westlich der Galápagos-Inseln). Den Abweichungswert von der Kreisform hat ISZAK mit 200 m angegeben, tatsächlich dürfte er jedoch etwas kleiner sein (nach F. L. WHIPPLE und G. VEIS, 1965, S. 397). Nach den vorliegenden Meßergebnissen ist das mittlere oder ideale Erdellipsoid kein Rotationsellipsoid, sondern ein Ellipsoid mit drei verschiedenen Achsen (vgl. Abb. 6). Und dieses Ellipsoid kann als ein solches höchstgradiger Annäherung an das Geoid angesehen werden. Es hat einen Abplattungswert von 1 : 298,3. Die Geoidform selbst wird durch die

Undulationen zum Ausdruck gebracht, um die sie vom idealen Ellipsoid abweicht. Auf Grund einer Analyse von 26 500 Satellitenmessungen und der Lösung von 53 000 Gleichungen mit 38 Unbekannten (nach WHIPPLE und VEIS, 1965, S. 402) hat I. IZSAK die Geoidform gefunden, wie sie in den Abb. 6 und 7 zu veranschaulichen versucht wird. Abb. 6[1] zeigt in linearer Maßstabsübertreibung die Geoidundulation in zwei Schnittebenen, am Äquator und in 40° nördlicher Breite. Es ist beachtenswert, daß die Undulationen zweier Parallelkreise nicht parallel verlaufen, was auf verwickelte Deformationen des ganzen Geoids auch in meridionaler und anderer Richtung schließen läßt. Sie können aus dem Relief des Schwerepotentials erschlossen werden, das in Abb. 7 (auf ein querachsiges Azimutalnetz übertragene Karte aus F. L. WHIPPLE und G. VEIS, 1965, S. 402/03) durch Linien gleicher Höhen und Tiefen, bezogen auf das ideale Ellipsoid, in 10-m-Äquidistanzen wiedergegeben ist. Aus der Darstellung geht hervor, daß das Geoid im wesentlichen durch Kulminationen (im Korallenmeer östlich Australiens, im Gebiet der Crozet-Inseln südlich Madagaskars, im Seebereich südlich Grönlands, an der Küste Mittelchiles und im Atlantik zwischen Asuncion und St. Helena) und durch fünf Depressionen (im Pazifik westlich Mittelamerikas, an der südindischen Küste, an der Südwestspitze Australiens, im Seegebiet vor der Amazonasmündung und in der westlichen Sahara) gekennzeichnet werden kann.

Die Ausmaße der Wülste und Dellen des Geoids sind zwar nur auf die Größenordnung von einigen Dekametern beschränkt, sie müssen aber doch bei allen großmaßstäbigen Vermessungen berücksichtigt werden. Bei terrestrischen Vermessungen, die den Höhenwinkel bestimmter Gestirne verwenden, muß der zu messende Winkel auf den scheinbaren Horizont bezogen werden. Und dessen Lage richtet sich nach dem Schwerelot. Weicht es von der normalen Lage ab, so steht auch der Horizont schief. Im allgemeinen jedoch können für die geographische und kartographische Betrachtungsweise des Erdkörpers die Unterschiede zwischen Geoid und Rotationsellipsoid vernachlässigt werden, denn infolge der dabei notwendig werdenden Verkleinerung und Generalisierung fallen die Abweichungen nicht mehr ins Gewicht. Deshalb seien im folgenden die wichtigsten Bestimmungsgrößen des Rotationsellipsoides erläutert (Abb. 8):

a) Ein Rotationsellipsoid ist zunächst einmal gekennzeichnet durch seine Schnittellipse mit den beiden verschieden langen, senkrecht aufeinanderstehenden Halbachsen a (große Halbachse) und b (kleine Halbachse), um

---

[1] Die Angaben für diese Abbildung verdankt Vf. einer freundlichen Mitteilung der Herren Prof. F. L. WHIPPLE und Dr. W. KÖHNLEIN, Smithsonian Institute, Cambridge, USA.

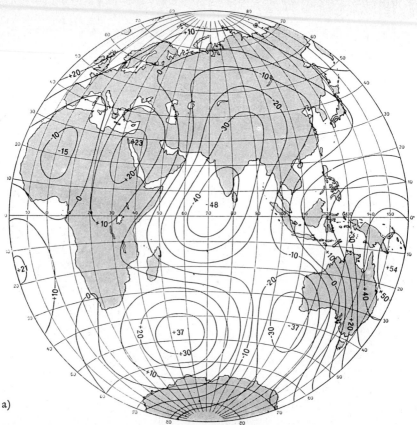

a)

Abb. 7a + b: *Geoid nach* Izsak, *dargestellt durch 10-m-Linien gleicher Abweichung vom Idealellipsoid*

deren eine die Ellipse rotiert. Aus diesen beiden Größen lassen sich verschiedene, das Ellipsoid kennzeichnende Ausdrücke bilden.

b) Das Verhältnis $a = \dfrac{a-b}{a}$ ergibt den Abplattungswert.

c) Aus dem Dreieck $M P_{90} F_2$ läßt sich durch $a^2 = e^2 + b^2$ oder $e^2 = a^2 - b^2$ die lineare Exzentrizität ermitteln, die die Entfernung der Brennpunkte vom Mittelpunkt angibt.

d) Das Verhältnis dieser linearen Exzentrizität e zur großen Halbachse a wird als numerische Exzentrizität $\varepsilon = \dfrac{e}{a}$ oder auch als Formzahl für die Gestalt der Ellipse bzw. des Ellipsoides bezeichnet. Wird nämlich ε sehr

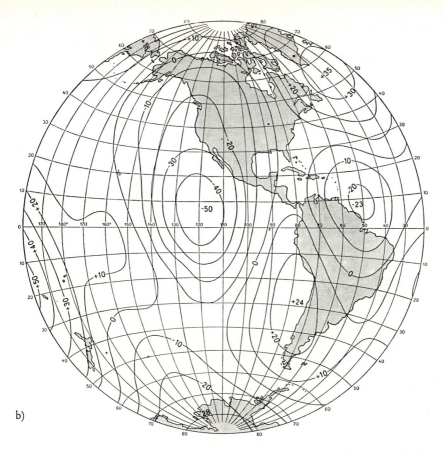

b)

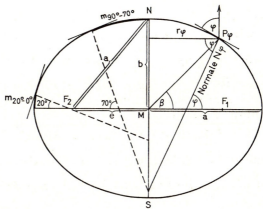

Abb. 8: *Bestimmungsgrößen des Rotationsellipsoids*

klein, so bedeutet das ein sehr kleines e gegen a bzw. eine bereits kreis- bzw. kugelähnliche Gestalt.

e) Ein beliebiger Punkt P_φ auf der Oberfläche des Rotationsellipsoides wird durch die geographische Länge λ und die geographische Breite φ festgelegt (vgl. S. 41). Dabei kann die geographische Breite durch zwei verschiedene Winkel angegeben werden:

1. durch den Winkel der Polhöhe φ, der sich im Schnitt der großen Halbachse a mit der Normalen $N = \dfrac{a}{\sqrt{1 - \varepsilon^2 \cdot \sin^2 \varphi}}$, die auf der Tangentenebene des Punktes P_φ senkrecht steht, wiederholt. Dieser Winkel wird als geographische Breite bezeichnet.

2. durch den Mittelpunktswinkel oder die geozentrische Breite β.

f) Der Meridiankrümmungsradius für P_φ beträgt $K_m = \dfrac{b^2}{a(1 - \varepsilon^2 \cdot \sin^2 \varphi)^{3/2}}$, der Parallelkreis-Krümmungsradius $K_p = \dfrac{a}{\sqrt{1 - \varepsilon^2 \cdot \sin^2 \varphi}}$.

g) Die Formel für den Parallelkreisbogen zwischen den geographischen Längen λ_1 und λ_2 lautet: $p = \dfrac{\pi}{180°} \cdot N_\varphi \cdot \cos \varphi \cdot (\lambda_2 - \lambda_1)$.

Die Bögen verkürzen sich vom Äquator zum Pol hin also nicht nur mit dem Kosinus der geographischen Breite (wie bei der Kugel), sondern sind außerdem eine Funktion der gleichzeitig größer werdenden Normalen N_φ.

h) Die Meridianbögen zwischen den geographischen Breiten φ_1 und φ_2 sind bestimmt durch $m = \dfrac{\pi}{180°} \cdot K_m (\varphi_2 - \varphi_1)$.

Ihre Länge hängt allein vom Meridiankrümmungsradius (vgl. unter f) ab. Dieser wird wegen $\sin^2 \varphi$ in seiner Nennerdifferenz mit wachsender Breite größer. Daraus folgt, daß auch die Meridianbögen, die auf der Kugel ja überall gleich groß sind, zum Pol hin flacher und damit länger werden. Diese Erscheinung läßt sich anschaulich der Abb. 8 durch Vergleich der Bögen m_{90-70} und m_{20-0} entnehmen.

i) Die Oberfläche des Rotationsellipsoides kann mit hinreichender Genauigkeit angegeben werden durch $O = 4\pi a^2 \left(1 - \dfrac{\varepsilon^2}{3} - \dfrac{\varepsilon^4}{15} - \dfrac{\varepsilon^6}{35} - \dfrac{\varepsilon^8}{63}\right)$.

k) Der Inhalt des Rotationsellipsoides errechnet sich aus $V = \dfrac{4}{3} \pi \cdot a^2 \cdot b$.

Für die meisten Zwecke der Geographie und Kartographie genügt es, die Erde als Kugel anzusehen, denn der relativ kleine Abplattungswert von etwa

Tab. 3: *Die wichtigsten Meßwerte für das Rotationsellipsoid „Erde" nach W. BESSEL (1841) und J. F. HAYFORD (1909)*[1]

Die Abmessungen der Erde	nach BESSEL	nach HAYFORD
Große Halbachse (a)	6 377,397 km	6 378,388 km
Äquatorialer Durchmesser ($2a$)	12 754,794 km	12 756,776 km
Kleine Halbachse (b)	6 356,079 km	6 356,912 km
Polarer Durchmesser ($2b$)	12 712,158 km	12 713,824 km
Achsendifferenz ($2a-2b$)	42,636 km	42,952 km
Abplattung (α)	$\frac{1}{299,15} = 0,00335$	$\frac{1}{297,0} = 0,00337$
Lineare Exzentrizität (e)	521,000 km	517,4 km
Numerische Exzentrizität (ε)	0,081697	0,081992
Umfang des Äquators (p_0)	40 070,368 km	40 076,600 km
Umfang der Meridiane (m)	40 003,423 km	40 009,200 km
Parallelkreisbogen für 1° Längenunterschied am Äquator (p_0 für $\lambda_2 - \lambda_1 = 1°$)	111,307 km	111,323 km
Parallelkreisbogen für 1° Längenunterschied am Pol (P_{90} für $\lambda_2 - \lambda_1 = 1°$)	0,000 km	0,000 km
Meridianbogen für 1° Breitenunterschied am Äquator (m für $\varphi_2 - \varphi_1 = 1° - 0°$)	110,564 km	110,576 km
Meridianbogen für 1° Breitenunterschied am Pol (m für $\varphi_2 - \varphi_1 = 90° - 89°$)	111,680 km	111,700 km
Meridianbogen für 1° Breitenunterschied im Mittel (m für $\varphi_2 - \varphi_1 = 1°$)	111,122 km	111,138 km
Oberfläche (O)	$5,099507 \cdot 10^8$ km²	$5,101008 \cdot 10^8$ km²
Inhalt (V)	$1,0828413 \cdot 10^{12}$ km³	$1,08332 \cdot 10^{12}$ km³

[1] Halbachsenwerte nach F. N. KRASSOWSKIJ, s. S. 93.

$\frac{1}{300}$ ist um so weniger von Belang je kleiner der Maßstab ist (allerdings auch umgekehrt). Es ist jedoch üblich und auch angebracht, die Kugel in eine bestimmte Beziehung zum Rotationsellipsoid zu setzen, und zwar wird die

Bedingung gestellt, daß beide inhaltsgleich sein müssen. Dann ergibt sich R als das geometrische Mittel aus $V_K = V_E$ oder $\frac{4}{3}\pi R^3 = \frac{4}{3}\pi a^2 b$ oder $R = \sqrt[3]{a^2 b} = 6370{,}283$ km (nach BESSEL) bzw. 6371,222 km (nach HAYFORD). Der mittlere Erdradius wird zu 6370 km angenommen.

Tab. 4: *Die Berechnungsformeln für die Erde als Kugel*

Geogr. Länge λ

Geogr. Breite φ

Radius eines Parallelkreises $r_\varphi = R \cdot \cos \varphi$

Umfang eines Parallelkreises $p_\varphi = 2\pi R \cdot \cos \varphi$

Länge eines Parallelkreisbogens p_φ zwischen $\lambda_2 - \lambda_1 = 1°$, $p_\varphi = \dfrac{2\pi R \cdot \cos \varphi}{360°}$

Umfang der Meridiane $m = 2\pi R$

Länge eines Meridianbogens m zwischen $\varphi_2 - \varphi_1 = 1°$, $m = \dfrac{2\pi R}{360°}$

Oberfläche $\qquad O = 4\pi R^2$

Volumen $\qquad V = \dfrac{4}{3}\pi R^3$

Oberfläche einer Breitenzone zwischen φ_2 und φ_1, $Z = 2\pi R^2 (\sin \varphi_2 - \sin \varphi_1)$

Die Bewegungen der Erde

In einer so dimensionierten Gestalt vollführt die Erde fünf Bewegungen: die Rotation, die Revolution, die Präzession, die Nutation und eine Oszillation.

Rotation wird die tägliche, Tag und Nacht verursachende Drehung der Erde um ihre kleine Achse genannt. Diese Drehung ist nicht unmittelbar wahrzunehmen, sondern kann nur mittelbar nachgewiesen werden. Daher ist es verständlich, daß erst mit der Entwicklung der physikalischen Wissenschaft das geozentrische Weltbild des Altertums, wonach der gesamte Sternenhimmel einschließlich der Sonne sich um eine ruhende Erde drehe, von dem später gültigen heliozentrischen Weltbild des NIKOLAUS KOPERNIKUS (1473 bis 1543) abgelöst wurde.

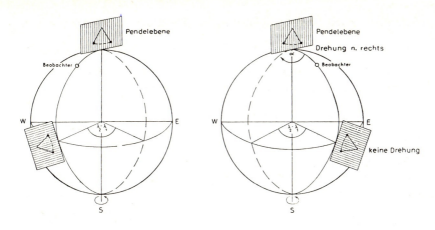

Abb. 9: *Nachweis der Erddrehung durch den Pendelversuch nach* FOUCAULT

Die Achsendrehung der Erde läßt sich aus folgenden Erscheinungen ableiten:
a) Im geozentrischen Weltsystem würden sich Geschwindigkeiten für die Sterne ergeben, die weit über der absolut höchsten Geschwindigkeit, der Lichtgeschwindigkeit mit 300 000 km/sec, lägen. Das eben ist widersinnig. Der der Erde nächste Fixstern Alpha Centauri im Sternbild des Centaurus z. B. ist 40 Bill. km entfernt. Wenn er sich in 24 Stunden um die Erde drehen müßte, dann würde er eine Geschwindigkeit von 2,9 Mrd. km/sec erreichen, d. h. fast das 10 000fache der Lichtgeschwindigkeit.

b) Der bekannteste Nachweis der Erddrehung ist der Foucaultsche Pendelversuch (1851). Die Schwingungsebene eines frei schwingenden Pendels dreht sich auf der Nordhalbkugel nach rechts, also im Uhrzeigersinn von *W* über *N* nach *E*, auf der Südhalbkugel entgegengesetzt nach links, also von *E* über *S* nach *W* (Abb. 9). Da keine erkennbare Kraft vorhanden ist, die diese Drehung bewirken könnte, so ist zu schließen, daß die Lage der Schwingungsebene konstant ist und daß die Erde sich unter ihr hinwegdreht, und zwar von *W* nach *E*. Die Drehung der Schwingungsebene des Pendels ist folglich nur eine scheinbare, und ihr Winkel ist eine Funktion der Längendifferenz zwischen zwei Beobachtungspunkten bzw. -zeiten und dem Sinus der geographischen Breite, also $\alpha = (\lambda_2 - \lambda_1) \sin \varphi$. Am Pol ($\sin 90° = 1$) ist die Drehung so groß wie der Längenunterschied, d. h. in 24 Stunden 360°, am Äquator ($\sin 0° = 0$) ist sie immer 0°.

c) Ein weiterer Nachweis der Erddrehung ist der Fallversuch des Italieners GUGLIELMI (1791). Wenn ein Gegenstand von einem hohen Turm oder in einen tiefen Schacht fallen gelassen wird, so landet er niemals senkrecht unter dem Ausgangspunkt, sondern immer um einen gewissen Betrag weiter östlich. Zu erklären ist diese Abweichung dadurch, daß die Erddrehung in westöstlicher Richtung erfolgt und daß daher alle Objekte auf ihr in Richtung der Drehung eine tangentiale Geschwindigkeitskomponente erhalten, die um so größer ist, je weiter das betreffende Objekt vom Erdmittelpunkt entfernt ist. Der geworfene Gegenstand hat also in seiner Ausgangslage eine höhere tangentiale Geschwindigkeit als sein Fußpunkt, infolgedessen ist er diesem beim Fall etwas nach Osten vorausgeeilt. Die Abweichung hängt von der geographischen Breite φ sowie von der Fallhöhe h ab und beträgt:

$a = 0{,}022 \cdot \sqrt{h^3} \cdot \cos \varphi$. Sie ist folglich am Äquator ($\cos 0° = 1$) am größten und am Pol ($\cos 90° = 0$) null.

d) Als letzter Beweis sei die durch die Erdrotation auftretende Scheinkraft, die nach ihrem Entdecker benannte Corioliskraft (1835) angeführt. Sie bewirkt, daß jede Bewegung auf der Erdoberfläche auf der Nordhalbkugel eine Ablenkung nach rechts, auf der Südhalbkugel nach links erfährt. Diese Ablenkung beruht im Prinzip auf der gleichen Ursache wie beim freien Fall. Es ist bei der Erddrehung zu unterscheiden zwischen der Winkelgeschwindigkeit ω und der linearen Geschwindigkeit v. Erstere bezeichnet den Winkel, um den sich die Erde in jeder Sekunde dreht. Er ist überall auf der Erde gleich groß und beträgt $\omega = \dfrac{2\pi}{86\,164{,}1 \text{ sec}}$, wobei der Nenner die Dauer eines Sterntages, d. h. die Zeit ist, die zwischen zwei aufeinanderfolgenden Meridiandurchgängen eines Fixsternes verstreicht. Ein Sterntag ist die wahre Rotationsdauer der Erde, nämlich $86\,164{,}1 \text{ sec} = 23_h\,56'\,04''$ (vgl. Tab. 1 und S. 46). Die lineare Geschwindigkeit bezeichnet den pro Sekunde zurückgelegten Weg eines Punktes auf der Erdoberfläche und ist abhängig von der Entfernung des Punktes von der Drehachse sowie natürlich von der Winkelgeschwindigkeit, die sich aber nicht ändert. Das Gesetz lautet (vgl. Abb. 4): $v = \omega \cdot r_\varphi = \omega \cdot R \cdot \cos \varphi$. Die lineare Geschwindigkeit richtet sich also nach dem Kosinus der geographischen Breite und ist am größten am Äquator ($\cos 0° = 1$), nämlich 465,12 m/sec, und sie wird null an den Polen. Wenn ein Objekt auf der Erdoberfläche (vgl. Abb. 10) sich von einem Beobachter in A in Richtung B bewegt, so erhält es durch die Erddrehung von W nach E eine zusätzliche Bewegungskomponente in Richtung A', so daß die daraus resultierende Bewegungsrichtung AC sein wird. Wenn das angenommene Objekt aus niederen Breiten kommt, so ist es in westöstlicher Richtung (AA') wegen

Abb. 10: *Rechtsablenkung auf der Nord-, Linksablenkung auf der Südhalbkugel*

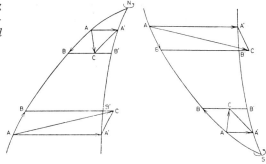

cos φ in der obigen Formel mit einer höheren Geschwindigkeit ausgestattet als der Zielpunkt *B*. Es wird sich infolgedessen nach Ablauf einer gewissen Zeit bereits in *C* befinden, während sich *B* erst bis *B'* gedreht hat. Für den Beobachter, dessen Standort in der gleichen Zeit von *A* nach *A'* gedreht wurde, bedeutet das, daß das Objekt relativ zu seinem sphärischen Koordinatensystem, nach welchem er sich auf der Erdoberfläche orientiert, eine Rechtsablenkung (*B'C*) erfahren hat. Dieser Ablenkungsbetrag muß mit wachsenden Breiten immer größer werden, weil die zum Pol hin konvergierenden Meridiane und die Seiten der einander nach *N* folgenden Kräfteparallelogramme immer weiter auseinanderklaffen. Der Zuwachseffekt läßt sich aus der Formel entnehmen, die die Größe *C* der ablenkenden Kraft der Erdrotation angibt: $C = 2v \cdot \omega \cdot \sin \varphi$. Für ein Objekt, das sich von höheren in niedere Breiten bewegt (vgl. Abb. 10 oberer Teil) gilt eine entsprechende Überlegung. Die Rechts- bzw. Linksablenkung, die in derselben Weise für jede beliebige Richtung aufgezeigt werden kann, spielt für die Erklärung der Meeres- und Luftströmungen (Zyklonen und Antizyklonen) eine entscheidende Rolle. Hier gilt sie als ein Beweis der Erdrotation, denn bei einer ruhenden Erde wäre diese Erscheinung nicht denkbar.

Die zweite Bewegung der Erde ist die *Revolution* oder ihre Wanderung um die Sonne. Sie verursacht zusammen mit der besonderen Stellung der Erde zu ihrer Bahn die Jahreswechsel und teilt überdies jedes Jahr in rhythmisch sich wiederholende Jahreszeiten ein.

Nach dem 1. Keplerschen Gesetz (vgl. S. 12) ist die Erdbahn eine Ellipse, in deren einem Brennpunkt die Sonne steht. Infolge der Exzentrizität der Sonne in der Erdbahnellipse ändert sich die Entfernung Erde—Sonne im Laufe eines Jahres dauernd. Es wurde deshalb der Begriff der „mittleren Entfernung" der Erde von der Sonne eingeführt. Der dabei entstehende Fehler fällt praktisch kaum ins Gewicht, weil die numerische Exzentrizität nur sehr

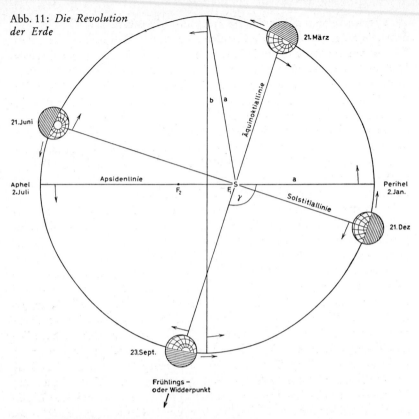

Abb. 11: *Die Revolution der Erde*

Tab. 5: *Die Abmessungen der Erdbahnellipse*

Große Halbachse (*a*)	149 500 000 km
Kleine Halbachse (*b*)	147 400 000 km
Achsendifferenz (2*a*–2*b*)	4 200 000 km
Abplattung (α)	$\frac{1}{71{,}19} = 0{,}014$
Lineare Exzentrizität (*e*)	2 500 000 km
Numerische Exzentrizität (ε)	0,016725
Erde-Sonne-Entfernung im Aphel (*a* + *e*)	152 000 000 km
Erde-Sonne-Entfernung im Perihel (*a* − *e*)	147 000 000 km
Umfang der Erdbahn (*u*)	939 200 000 km
Schiefe der Ekliptik (1967)	23° 26′ 36,87″

klein ist und damit die Erdbahnellipse einer Kreisform sehr nahe kommt, nicht allerdings so nahe wie die Meridianellipse des Erdkörpers (vgl. Tab. 3:a). Die mittlere Entfernung der Erde von der Sonne wird definiert als die große Halbachse $a = 149\,500\,000$ km. Sie wird von der Erde zweimal im Jahr erreicht, dann nämlich, wenn diese sich in ihrem Umlauf an den Endpunkten der kleinen Achse b befindet[1] (vgl. Abb. 11). In allen anderen Punkten der Bahnellipse ist die Entfernung Erde—Sonne entweder größer oder kleiner. Sie ist am kleinsten am Endpunkt der großen Halbachse, in deren Brennpunkt die Sonne steht, im Perihel, und sie ist am größten am entgegengesetzten Endpunkt der großen Achse, im Aphel. Beide Punkte werden als Apsiden (Stellen stärkster Krümmung) bezeichnet und dementsprechend ihre Verbindungslinie, die große Achse ($2\,a$), als Apsidenlinie.

Durch die Erdbahnellipse ist eine Ebene bestimmt, die als Ekliptik[2] bezeichnet wird und die im Raum durch ihren Schnitt mit dem Himmelsgewölbe fixiert ist. Dieser Schnitt wird gekennzeichnet durch zwölf Sternbilder, die der verlängerte Leitstrahl Erde—Sonne im Laufe eines Jahres durchwandert. Die Sternbilder — als Tierkreis oder Zodiakus bezeichnet — gaben aus Orientierungsgründen schon im Altertum die Grundlage ab für eine Einteilung der Ekliptik in zwölf gleiche Sektoren von je 30°. Sie tragen die Namen: Widder, Stier, Zwillinge, Krebs, Löwe, Jungfrau, Waage, Skorpion, Schütze, Steinbock, Wassermann, Fische. Es muß aber ausdrücklich darauf hingewiesen werden, daß die Lage der Sternbilder der Lage der nach ihnen benannten Ekliptiksektoren nicht mehr entspricht, weil die Einteilung der Ekliptikebene vom Frühlingspunkt aus erfolgt, der für das Leben der Menschheit von einschneidenderer Bedeutung ist als ein Sternbild. Der Standort des Frühlingspunktes ist jedoch wegen der Präzession (vgl. S. 37) nicht konstant. Er wurde ursprünglich mit dem Sternbild des Widders gleichgesetzt und „Widderpunkt" genannt. Im Laufe der Zeit hat sich nun der Frühlings- oder Widderpunkt seinem Sternbild gegenüber verschoben.

Auf jeden Fall aber ermöglicht der Tierkreis, die scheinbare Sonnenbahn bzw. die Bewegung der Erde um die Sonne zu registrieren, und zwar sowohl hinsichtlich ihrer Richtung als auch der Umlaufdauer. Die Richtung ergibt sich aus der Feststellung, daß im Laufe eines Jahres die Sonne in ihrer scheinbaren Bahn am Himmelsgewölbe nacheinander an den obenbezeichneten Sternbildern vorüberzieht. Die Erde muß demnach, sofern die Ekliptik in

---

[1] Die Summe der Brennstrahlen x, y für jeden Punkt einer Ellipse ist $2\,a$. Also $x + y = 2\,a$. In dieser besonderen Symmetriestellung zu den Brennpunkten sind die beiden Brennstrahlen gleich groß, d. h. $x = y$, bzw. $2\,x = 2\,a$ oder $x = a$ und $y = a$.

[2] Ekliptik bedeutet Finsternislinie, weil Sonnen- und Mondfinsternisse nur dann eintreten können, wenn die Mondbahn die Ekliptik durchstößt. Nur dann ist es möglich, daß die drei Himmelskörper in einer Richtung liegen.

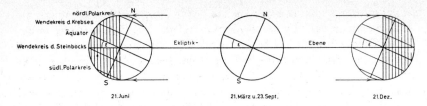

Abb. 12: *Schiefe der Ekliptik und Beleuchtungshalbkugeln in den vier besonderen Stellungen der Erde in ihrer Bahn*

Richtung ihrer auf ihr senkrecht stehenden Achse von N nach S betrachtet wird, eine linksläufige Bewegung ausführen. — Die Umlaufdauer läßt sich bestimmen vermittels zweier aufeinanderfolgender Durchgänge der Sonne durch einen in der Ekliptik liegenden Stern und errechnet sich zu 365,25636 Tagen (= 365 Tage und $6^h\ 9'\ 9,5''$). Sie heißt die wahre Umlaufdauer oder das Siderische Jahr (vgl. S. 50). Daraus ergibt sich die mittlere Geschwindigkeit der Erde zu $v = \dfrac{U}{t} = \dfrac{939,2 \cdot 10^6 \text{ km}}{365,25636 \text{ Tage}} = 29,76$ km/sec. Nach dem 2. Keplerschen Gesetz[1] jedoch muß die Geschwindigkeit im Perihel größer sein als im Aphel. Sie beträgt dort 30,3 km/sec und hier 29,3 km/sec.

Eine entscheidende Rolle für die Bestrahlung der Erde durch die Sonne und damit für alles Leben auf der Erde spielt die besondere Stellung der Erdachse zur Ekliptik. Sie steht auf ihr nicht senkrecht, sondern ist z. Z. gegen diese Senkrechtstellung um einen Winkel von 23° 26′ 36,87″ geneigt. Das ist gleichbedeutend mit einer gleich großen Neigung der Äquatorebene der Erde gegen ihre Bahn. Dieser Winkel wird als Schiefe der Ekliptik bezeichnet und errechnet sich aus $\varepsilon = 23°\ 27'\ 8,26'' - 0,4685''\ (t - 1900)$. In der Gleichung bedeuten 23° 27′ 8,26″ die Schiefe der Ekliptik im Jahre 1900, 0,4685″ die jährliche Abnahme der Neigung und t den gegenwärtigen Zeitpunkt. Die Schiefe der Ekliptik ist also keine konstante Größe, sondern unterliegt einer säkularen Schwankung, die aber immerhin in geschichtlicher Zeit beobachtet werden konnte und derzufolge auch die Lage und Fläche der mathematischen Klimazonen sich ändern müssen. Demnach richtet sich die Erde gegenwärtig etwas auf. Der Abnahmebetrag ist jedoch so klein und schwankt wahrscheinlich innerhalb ebenso kleiner Grenzen, daß die rotierende Erde als ein Kreisel betrachtet werden kann, der seine Achsenneigung praktisch beibehält. Infolgedessen bleibt auch die Lage der Äquatorebene, die wie die Ekliptik bis zum Schnitt mit dem Himmelsgewölbe ausgedehnt zu denken ist, im Laufe eines

---

[1] Die Brennstrahlen eines Planeten bestreichen in gleichen Zeiten gleiche Flächen.

Jahres erhalten. Beide Ebenen schneiden sich in der sogenannten Äquinoktiallinie, die zusammen mit der zu ihr Senkrechten, der Solstitiallinie, in der Ekliptik ein rechtwinkliges Achsenkreuz bildet, das in der Sonne zentriert ist und das vier charakteristische Stellungen der Erde in ihrer jährlichen Bahn bestimmt (vgl. Abb. 11 und 12). Sie zeigen somit den Beginn der astronomischen Jahreszeiten Frühling, Sommer, Herbst und Winter an und sind dadurch gekennzeichnet, daß der Neigungswinkel zwischen Erdachse und Leitstrahl der Sonne extreme bzw. besondere Werte erreicht. Am 21. Juni ist er am kleinsten ($90° - \varepsilon$), d. h. die Erdachse ist mit ihrem Nordpol der Sonne am stärksten zugeneigt, am 21. Dezember ist er am größten ($90° + \varepsilon$), d. h. die Erdachse ist mit ihrem Nordpol zu diesem Zeitpunkt am stärksten von der Sonne weggeneigt. Diese Zeitpunkte werden Solstitien (Sonnenstillstände) genannt, und ihre Verbindungslinie in der Ekliptik heißt entsprechend die Solstitiallinie. Es ist leicht einzusehen, daß bei diesen Stellungen die Sonne nicht im Zenit des Äquators stehen kann, vielmehr werden die Zenitstände bestimmt durch zwei Parallelkreise, die unter der Breite $\varphi = \varepsilon$ nördlich und südlich des Äquators liegen. Da sie die äußerst möglichen Lagen der Zenitstände der Sonne überhaupt sind und diese hier wieder rückläufig werden und gleichsam wenden müssen, werden sie auch als *Wendekreise* bezeichnet: als Wendekreis des Krebses der nördliche, weil am 21. 6. (Sommersolstitium) die Sonne von der Erde aus gesehen im Sternbild des Krebses stand — als Wendekreis des Steinbocks der südliche aus dem entsprechenden Grunde. Der Verschiebung der Zenitstände auf der Nord- bzw. Südhalbkugel entspricht eine ebensolche Verlagerung des Beleuchtungskreises. Er umschließt am 21. Juni die ganze nördliche Polarkalotte, während die südliche unbeleuchtet bleibt. Umgekehrt liegen die Verhältnisse am 21. Dezember. Dadurch werden zwei weitere Parallelkreise ausgezeichnet, der nördliche und südliche Polarkreis unter der Breite $\varphi = 90° - \varepsilon$, die als Begrenzungslinien der extremen Lagen des Beleuchtungskreises anzusprechen sind. Der Beleuchtungskreis seinerseits bestimmt weiterhin durch seinen Schnitt mit den Parallelkreisen die extremen Tag- und Nachtlängen zur Zeit der Solstitien. Am 21. Juni erreicht auf der Nordhalbkugel der Tagbogen seine maximale Länge gegenüber dem Nachtbogen, dessen Länge nördlich des Polarkreises null ist. Umgekehrt verhält es sich am 21. Dezember. Am Äquator sind Tag- und Nachtbogen immer gleich lang.

Die beiden anderen Sonderstellungen der Erde in ihrer Bahn sind durch den Schnitt mit der Äquinoktiallinie gegeben. Infolge der Kreiseleigenschaften ändert die Erdachse ihre Neigungsrichtung gegen die Ekliptik praktisch nicht (vgl. S. 34), so daß sie in der Äquinoktialstellung der Sonne weder zugeneigt noch von ihr weggeneigt ist. Damit ist ε ausgeschaltet, und der Winkel Erdachse gegen Sonnenleitstrahl wird ein rechter. Das bedeutet, daß der Sonnenleitstrahl senkrecht auf dem Äquator bzw. die Sonne im Zenit des Äquators steht. Der Beleuchtungskreis ist daher jetzt identisch mit einem Meridian. Durch ihn werden sämtliche Parallelkreise in gleich lange Tag- und Nachtbögen geteilt. Das besagt nichts anderes, als daß in dieser Stellung überall auf der Erde Tag und Nacht gleich lang sind. Es sind die Zeitpunkte der Tag- und Nachtgleichen, der *Äquinoktien,* die auf den 21. März und auf den 23. September fallen[1].

Es ist üblich, den Punkt, den die Sonnenkulmination am 21. März am Himmelsgewölbe bestimmt, als Frühlingspunkt zu bezeichnen. Er ist damit als einer der Schnittpunkte zwischen Ekliptik und Himmelsäquator (Spur der Äquatorebene am Himmel) definiert und wird für dieses Ebenensystem als Bezugspunkt betrachtet. Im Altertum ist versucht worden, ihn auch im Raume zu fixieren. Da er zu griechisch-römischer Zeit im Sternbild des Widders zu suchen war, erhielt er den Namen *Widderpunkt* (vgl. S. 33). Heute befindet sich der Frühlingspunkt im Sternbild der Fische, und es ist vorauszuberechnen, wann er in den Wassermann überwechseln wird. Diese Positionsänderungen beweisen, daß der Frühlingspunkt nicht festliegt, sondern sich verschiebt.

Die Erklärung dafür ist in der dritten Bewegungsart der Erde zu suchen, in der Präzession. Es wurde bereits darauf hingewiesen, daß die Erde als ein Kreisel angesehen werden kann, der in schiefer Stellung auf der Ekliptikebene rotiert. Dieser Kreisel ist aber ein Sphäroid, auf das von Sonne, Mond und Planeten Anziehungskräfte ausgeübt werden, die am kräftigsten dort angreifen, wo die Abstände zwischen den betreffenden Körpern am kleinsten sind. So werden in bestimmten Konstellationen am Äquatorwulst die zerrenden Kräfte größer sein (vgl. Abb. 13) als am abgeplatteten Pol und auf der zugewandten größer als auf der abgewandten Seite ($A_1 > A_2$). Damit entsteht in bezug auf die schräggestellte Erdachse ein Drehmoment (D), das bestrebt ist, die Achse aufzurichten. Infolge der Rotation aber und der dabei auftretenden Trägheitskräfte wird das Drehmoment in eine seitliche Ausweichbewegung umgewandelt. Der rotierende

---

[1] Diese Daten sind Faustangaben. Selbstverständlich lassen sich die Eintrittszeiten der Sonderstellungen der Erde auf die Minute genau berechnen und angeben. Weil aber zwischen Tropischem und Kalenderjahr kleine Zeitunterschiede bestehen, die durch Schaltjahre ausgeglichen werden müssen (vgl. S. 50), sind die kalendarischen Eintrittszeitpunkte leichten Schwankungen unterworfen. Im Jahre 1968 galten folgende Daten und Uhrzeiten:

Frühlingsanfang	am 20. März	$14^h\ 22^m$ MEZ
Sommeranfang	am 21. Juni	$9^h\ 13^m$ MEZ
Herbstanfang	am 23. September	$0^h\ 26^m$ MEZ
Winteranfang	am 21. Dezember	$20^h\ 00^m$ MEZ

Abb. 13: *Präzession und Nutation*

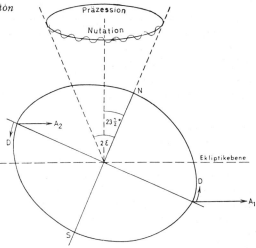

Kreisel führt mit seiner Achse eine zusätzliche Bewegung auf dem Mantel eines Kegels mit dem Spitzenwinkel 2 ε aus, dessen Achse senkrecht auf der Unterlage, hier der Ekliptik, steht und dessen Spitze der Erdmittelpunkt ist. Der Himmelspol der Erdachse, der heute ungefähr durch den Polarstern lokalisierbar (1° entfernt) ist, liegt also nicht fest, sondern umkreist in weitem Abstand unter dem Winkel der Ekliptikschiefe den Himmelspol der Ekliptik. Diese Bewegung wird *Präzession* genannt und besagt, daß unter Beibehaltung des Neigungswinkels nur die Neigungsrichtung zur Ekliptik sich ändert. Übertragen auf das Jahreszeitenachsenkreuz bedeutet die Präzession, daß dieses sich in der Ekliptik dreht, und zwar im entgegengesetzten Sinne des Erdumlaufs. Der Frühlingspunkt, der ja an die Äquinoktiallinie gebunden ist, wandert sozusagen rückwärts durch die Sternbilder. Gleiches gilt von den Solstitialpunkten, und es ist eigentlich ein Anachronismus, heute noch von den Wendekreisen des Krebses und des Steinbocks zu sprechen. Die Sonnenwenden erfolgen gegenwärtig rund 30° weiter östlich, d. h. im Sternbild der Zwillinge bzw. des Schützen.

Die Drehgeschwindigkeit des Achsenkreuzes ist nur klein. Die Präzession verändert den Richtungswinkel der Erdachse in der Ekliptikebene um jährlich nur 50,26″, d. h. in ca. 26 000 Jahren hat sie den Kegelmantel einmal voll umschrieben, bzw. das Jahreszeitenachsenkreuz hat sich in dieser Zeit einmal um sich selbst gedreht. Dabei deckt es sich viermal mit dem Achsenkreuz der Ekliptik, und der Frühlingspunkt liegt nicht wie gegenwärtig immer in der

Nähe der kleinen Ekliptikachse, sondern durchwandert auch einmal das Aphel und nach ca. 13 000 Jahren das Perihel.

Diese zeitlichen Distanzen gelten allerdings nur dann, wenn angenommen wird, daß die Erdbahnellipse und mit ihr die Apsidenlinie eine konstante Lage im Raum haben. Das ist aber nicht der Fall, denn alle Planeten umkreisen die Sonne in der gleichen Richtung wie die Erde und bewirken dadurch eine leichte Drehung auch der Erdbahnellipse. Die Drehung erfolgt im Umlaufsinn der Planeten — also auch der Erde — und ist damit der Drehung des Jahreszeitenachsenkreuzes entgegengesetzt gerichtet. Wenn nun die Lage des Perihels durch seinen Abstand vom Frühlingspunkt, d. h. durch den Winkel γ (vgl. Abb. 11) festgelegt wird, so verändert sich dieser Winkel infolge des entgegengesetzten Drehsinnes zweier Achsenkreuze. Das Achsenkreuz der Erdbahnellipse dreht sich jährlich um 11,46″, d. h. für eine 360°-Drehung braucht es 113 000 Jahre. Da das Jahreszeitenachsenkreuz pro Jahr um 50,26″ weiterschreitet, vergrößert sich also der Winkel γ um 11,46″ + 50,26″ = 61,72″ im Jahr. Mit anderen Worten, bereits nach 21 000 Jahren ($\gamma = 360°$) und nicht erst nach 26 000 Jahren (vgl. S. 37) würde die Ausgangslage wieder erreicht sein. Dadurch läßt sich unter anderem errechnen, wann einmal der Frühlingspunkt sich im Aphel befinden und die Äquinoktiallinie also mit der Apsidenlinie zusammenfallen wird. Unter der Voraussetzung, daß die gegenwärtig beobachtbaren Winkelzunahmen sich nicht ändern, würde dieser Fall im Jahre 6495 n. Chr. eintreten. Dann stünde die Erde bei Frühlingsanfang im Perihel, dort also, wo sie sich 1969 am 2. Januar befand.

Die vierte Bewegungsart der Erde ist die *Nutation*. Sie besagt, daß der Himmelspol der Erdachse auf Grund der Präzession keinen gleichmäßigen Kreis beschreibt, sondern eine leicht geschlängelte Bahn mit diesem Kreis als Mittellinie. Sie ist die Folge von periodischen Präzessionsschwankungen, hervorgerufen durch die verschiedenen Sonnenabstände, vor allem aber durch die Einwirkung des Mondes. Dadurch unterliegen die externen Anziehungsvektoren sowohl in ihrer Richtung als auch in ihrer Größe rhythmischen Veränderungen, die zu periodischen Schwankungen des Aufrichtungsdrehmomentes führen. Es schwankt zwischen einem kleinsten Wert, wenn die Richtung zwischen der Vektorenresultante und der Äquatorebene einen kleinstmöglichen Winkel bildet, und einem Maximalwert, wenn dieser Richtungswinkel seinen größten Wert mit oder unterhalb 90° erreicht. Entsprechend ist auch die Ekliptikschiefe der Schwankung unterworfen, allerdings mit einem nur unbedeutenden Betrag von 9″. Ihre Periode beträgt ca. 19 Jahre.

Abgesehen von der geringfügigen Nutationswirkung, ist die Schiefe der Ekliptik als konstant zu betrachten (vgl. S. 34). Wenn es dennoch zu z. T. weitausgreifenden Polwanderungen — besser Breitenschwankungen — im

Laufe der Erdgeschichte bis zur Gegenwart gekommen ist, so sind die Ursachen dafür nicht allein und nicht unmittelbar in den Bewegungsarten des Erdkörpers als Ganzem zu suchen. Vielmehr muß angenommen werden, daß sich als Folge der dauernden Massenverlagerung in der Erdrinde (Orogenese, Erdbeben usw.) einerseits und der Rotation andererseits Ausgleichsbewegungen einstellen. Sie sind als globale *Oszillationen* der Erdkruste anzusehen, die zur Verschiebung der topographischen Struktur der Erdoberfläche relativ zu den Polen der Rotationsachse führen. Polwanderung bedeutet also nicht, daß die Pole auf der Erdoberfläche umherwandern, sondern daß umgekehrt sie in ihrer Raumlage von der Erdoberfläche unterwandert werden. Es ist daher richtiger, von einer scheinbaren Polwanderung oder noch besser von einer Breiten- bzw. Polhöhenschwankung zu sprechen. Bereits EULER erkannte in der Polhöhenschwankung eine natürliche Schwingung der Erde. Später hat sie der amerikanische Astronom S. C. CHANDLER (1846—1913) nachgewiesen und gefunden, daß sie eine Periode von 435 Tagen hat. Diese sogenannte 14monatige CHANDLER-Periode wurde durch den Internationalen Breitendienst, der eigens für diese Forschungen gebildet worden war, in einer Meßreihe von 1900—1912 bestätigt und durch eine überlagernde zwölfmonatige Periode ergänzt. Auch neuere und genauere Messungen von 1941—1947 führten zum gleichen Ergebnis. Alle diese Messungen erbrachten allerdings nur relativ kleine Werte. Danach bewegt sich die Breitenschwankung nur innerhalb der 15-m-Grenze, und es ist eine noch ungelöste Frage, ob diese Größenordnung überschritten werden kann und in der Erdgeschichte jemals überschritten worden ist. Rückschlüsse über Zeugen säkularer Klimaänderungen in bestimmten Gebieten der Erde sowie Beobachtungen über abweichende Ausrichtung magnetischer Mineralien gegenüber dem heutigen Magnetfeld (Paläomagnetismus) der Erde lassen Vermutungen zu, wonach die Pole vor Millionen Jahren Tausende von Kilometern von der gegenwärtigen Rotationsachse entfernt lagen.

Die Orientierung auf der Erde

Die örtliche Orientierung

Ein allseitig gekrümmter Körper hat keinen Anfang und kein Ende, so daß eine Orientierung auf ihm zunächst nicht möglich erscheint. Auf der Erde jedoch hat die Natur zwei Fixpunkte geschaffen, durch die es möglich wird, der quasi kugeligen Oberfläche ein sphärisches Koordinatensystem anzulegen.

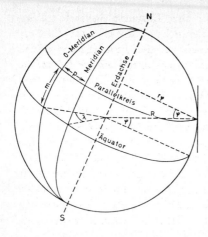

Abb. 14: *Zur örtlichen Orientierung auf der Erde*

Diese Fixpunkte sind die beiden Pole, und das Koordinatensystem ist das Gradnetz. Die Pole sind definiert als Punkte auf der Erde mit der Rotationsgeschwindigkeit null. Durch sie läßt sich eine Schar von größten Kreisen legen, Längenkreise oder *Meridiane* genannt, die die Erde von N nach S oder umgekehrt wie Fangarme umspannen. Ihre Abstände untereinander sind gegeben durch die Richtungswinkel (Azimute) an den Polen bzw. durch den Schnittwinkel zweier Meridianebenen in der Erdachse. Absolute Angaben für die Richtungswinkel aber sind erst möglich, wenn ein Meridian sich als Anfangsmeridian auszeichnet. Da das von Natur aus nicht der Fall ist, mußte ein Nullmeridian festgelegt werden. Im Laufe der Geschichte ist das öfter geschehen, mit anderen Worten, der Nullmeridian hat des öfteren seine Position gewechselt. Bekannt sind die Anfangsmeridiane von Ferro (westlichste der Kanarischen Inseln) aus dem 17. Jahrhundert, von Paris aus dem 18. Jahrhundert und von Pulkowo bei Leningrad. Daneben gab es eine Reihe von nationalen Nullmeridianen wie die von Berlin, Moskau und Tokio. Heute ist der Meridian, unter dem die Sternwarte von Greenwich bei London liegt, international als Nullmeridian anerkannt. Von ihm aus werden die Längenkreise in östlicher und westlicher Richtung bis jeweils 180° gezählt und unter Angabe des Winkels λ (vgl. Abb. 14) als östliche Länge von Greenwich oder westliche Länge von Greenwich oder allgemein als geographische Länge bezeichnet.

Tab. 6: *Die Lagebeziehungen der Nullmeridiane*

	Greenwich	Berlin	Ferro	Paris	Pulkowo
Greenwich	0	+ 13° 23′ 44″	− 17° 39′ 46″	+ 2° 20′ 14″	+ 30° 19′ 39″
Berlin	− 13° 23′ 44″	0	− 31° 03′ 30″	− 11° 03′ 30″	+ 16° 49′ 55″
Ferro	+ 17° 39′ 46″	+ 31° 03′ 30″	0	+ 20° 0′ 0″	+ 47° 59′ 25″
Paris	− 2° 20′ 14″	+ 11° 03′ 30″	− 20° 0′ 0″	0	+ 27° 59′ 25″
Pulkowo	− 30° 19′ 39″	− 16° 49′ 55″	− 47° 59′ 25″	− 27° 59′ 25″	0

Mit den beiden Erdpolen sind weiterhin zwei Tangentialebenen festgelegt, denen sich eine Schar von parallelen Ebenen zuordnen läßt, die die Erde schneiden. Die Schnittlinien dieser Ebenen mit der Erdoberfläche heißen Parallel- oder *Breitenkreise*. Sie alle treffen unter senkrechtem Winkel auf die Meridiane und sind im Gegensatz zu diesen Kleinkreise, d. h. sie sind — mit einer Ausnahme — kleiner als die Meridiane und auf jeder Halbkugel untereinander verschieden groß. Die Ausnahme ist der Äquator, der auch ein Großkreis ist und die Erde sowie die Meridianschar halbiert. Als solcher ist er ein ausgezeichneter Kreis, der sich als Zählbasis bzw. als Nullinie anbietet, und so werden von ihm aus die Parallelkreise von 0° bis 90° N und 90° S gezählt. Ihr Abstand vom Äquator wird als geographische Breite bezeichnet und durch den Winkel φ in einer Meridianebene angegeben, den ihre Normale mit der großen Halbachse des Rotationsellipsoids bildet (vgl. Abb. 8). Genügt es, die Erde als Kugel zu betrachten, so wird φ zu ihrem Mittelpunktswinkel (vgl. S. 26).

Die jeweils den Winkeln der Länge oder Breite zugehörigen Entfernungen auf der Erdoberfläche werden am besten Parallelkreisbögen (p) bzw. Meridianbögen (m) genannt und in Grad nördlicher oder südlicher Breite bzw. Grad östlicher oder westlicher Länge angegeben. Zum Unterschied davon gibt es Längengrade und Breitengrade, die jeweils die Flächen zwischen zwei Meridianen (sphärische Zweiecke) bzw. Parallelkreisen (Kugelzonen) bezeichnen. Die Flächenstücke, die von zwei Meridianen und zwei Parallelkreisen ausgeschnitten werden, heißen Gradfelder, die Meridianbögen zwischen dem Äquator und den Polen Erdquadranten. Die Meridianbögen zwischen gleichen Breitendifferenzen ($\varphi_2 - \varphi_1$) sind überall auf der Erde, sofern diese als Kugel angesehen wird, gleich groß, nämlich für $\varphi_2 - \varphi_1 = 1°$ ist $m = \dfrac{2\pi \cdot R}{360} = \dfrac{2\pi \cdot 6370 \text{ km}}{360} = 111{,}2 \text{ km}$ (vgl. S. 27 die Werte für das Rotationsellipsoid). Die Längen der Parallelkreise dagegen und ihre Bögen zwischen gleichen Längendifferenzen nehmen vom Äquator zum Pol hin ab, und zwar nach dem aus Abb. 14 leicht ablesbaren Gesetz (Erde = Kugel): $p = 2\pi \cdot r_\varphi = 2\pi \cdot R \cdot \cos\varphi$ oder für $\lambda_2 - \lambda_1 = 1°$ ist $p = \dfrac{2\pi \cdot R \cdot \cos\varphi}{360}$. (vgl. S. 26 die Formel für das Rotationsellipsoid). Der Ausdruck wird für den Äquator wegen $\cos 0° = 1$; $p_0 = \dfrac{2\pi \cdot R}{360} = 111{,}2 \text{ km}$, d. h., die äquatorialen Parallelkreisbögen sind genau so groß wie die Meridianbögen. Für die Pole wird die Gleichung wegen $\cos 90° =$ Null.

In diesem sphärischen Koordinatensystem ist jeder Punkt auf der Erdoberfläche festlegbar. Es ist nur nötig, jeweils seine geographischen Koordi-

Abb. 15: *Zur Bestimmung der geographischen Breite*

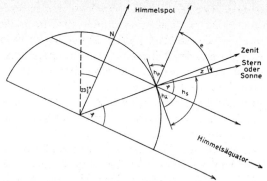

naten, d. h. Breite (φ) und Länge (λ) zu kennen bzw. sie zu bestimmen. Dafür gibt es eine Reihe von Meßverfahren. Für die Breitenbestimmung ist das gebräuchlichste die Messung der Polhöhe, aus der sich unmittelbar die geographische Breite φ ergibt, denn beide Winkel sind gleich ($h_P = \varphi$; vgl. S. 16 und Abb. 15). Es ist dabei nicht notwendig, die Höhe des Himmelspols selbst zu messen, sondern sie ist indirekt aus den Höhenwinkeln eines Zirkumpolarsternes, die sich bei seinen Meridiandurchgängen über und unter dem Himmelspol ergeben, zu ermitteln. Allerdings ist bei solchen Messungen eine Refraktionskorrektur zu berücksichtigen, die sich aus der Lichtbrechung bzw. Lichtstrahlablenkung ergibt. Gemessen wird ja die scheinbare Höhe eines Sternes, die infolge der Ablenkung stets größer ist als die wirkliche. Weil diese Ablenkung bei senkrechtem Strahlengang durch die Atmosphäre entfällt, werden zur Polhöhen- oder Breitenbestimmung deshalb vorteilhafter Zenitsterne benutzt, also solche, die bei ihrer Wanderung durch den Zenit des Meßstandortes gehen oder wenigstens in der Nähe des Zenits vorbeiziehen (vgl. Abb. 15). Der Zenitwinkel (z) des Sternes ist in solchem Falle leicht meßbar, und seine Polentfernung (e) kann Sternkatalogen entnommen werden. Damit ergibt sich die Polhöhe bzw. geographische Breite zu $h_P = \varphi = 90° + z - e$. In ähnlicher Weise wie die Fixsterne dient auch die Sonne zur Breitenbestimmung, eine Methode, die besonders in der Schiffahrt angewendet wird (Meßinstrument ist hier der Spiegelsextant). Gemessen wird die mittägliche Kulminationshöhe der Sonne h_S, die Polentfernung e ist infolge der Schiefstellung der Erdachse und der Revolution der Erde eine Veränderliche in der Zeit und kann den nautischen Jahrbüchern entnommen werden. Mit Hilfe beider Werte läßt sich h_P errechnen (vgl. Abb. 15): $h_P = \varphi = 180° - e - h_S$. In einem besonderen Falle ergibt sich die geographische Breite unmittelbar aus der Sonnenhöhenmessung. Dann nämlich, wenn $e = 90°$ ist und die Gleichung vereinfacht lautet: $\varphi = 90° - h_S$. Der

Fall tritt zweimal im Jahre für alle Punkte der Erde ein, nämlich am 21. März und am 23. September, wenn die Sonne senkrecht über dem Äquator steht und die Sonnenhöhe h_S gleich ist der Äquatorhöhe $h_Ä$, die ja ihrerseits das Komplement der Polhöhe bzw. der geographischen Breite ist (vgl. Abb. 15).

Die Bestimmung der geographischen Länge λ (vgl. Abb. 14) kommt im wesentlichen auf einen Zeitvergleich hinaus, denn der Winkel λ zwischen zwei Meridianebenen steht infolge der Erdrotation in einer bestimmten Beziehung zur Zeit. Mit der Rotation vollführt ein Meridian innerhalb von 24 Stunden eine volle Drehung um die Erdachse, d. h. der Winkel λ wächst in dieser Zeit von seinem angenommenen Anfangswert 0° auf 360° an. Mithin entsprechen 360° Drehung 24 Stunden Zeit, was gleichbedeutend ist mit den Gleichungen 15° Länge = 1 Zeitstunde bzw. 1° Länge = 4 Zeitminuten usw. Es ist also die geographische Länge durch die Zeit ersetzbar. Da nun alle Punkte eines Meridians in bezug auf dessen Lage zum Sonnenstand eine eigene Zeit, die Ortszeit (vgl. S. 48), haben, so ist es nur notwendig, diese zu kennen und sie mit der Ortszeit eines in seiner geographischen Länge bekannten Punktes zu vergleichen. Aus dem Zeitunterschied ergibt sich dann der Längenunterschied der beiden Punkte.

Ein solcher Zeitvergleich ist auf verschiedenen Wegen möglich. Beispielsweise können mit genau gleichgehenden Uhren an zwei verschiedenen Orten die Zeiten der Meridiandurchgänge eines Fixsternes registriert werden. Die Zeitdifferenz gibt die Längendifferenz der beiden Orte an. Während bei dieser Methode die Eintrittszeiten zweier Ereignisse (zwei Meridiandurchgänge) mit Hilfe gleichgehender Uhren ermittelt werden, besteht auch umgekehrt die Möglichkeit, an zwei Orten die Eintrittszeiten nur eines Ereignisses mit verschieden gehenden, d. h. die Ortszeit anzeigenden Uhren festzustellen. Solche gleichzeitig von verschiedenen Orten aus beobachtbaren Ereignisse sind gegeben durch Finsternisse, künstliche Blitze, den sich verhältnismäßig rasch bewegenden Mond oder neuerdings durch Erdsatelliten. Die moderne Methode der Längenbestimmung beruht auf der Funkübermittlung der Ortszeit ihrer nach Lage bekannten Orte (etwa Greenwich = Weltzeit). Damit ist ein Zeitvergleich in jedem Augenblick in allen Punkten der Erde durchführbar, sofern nur die Ortszeit des in Frage stehenden Punktes bestimmt worden ist. Es kann aber heute auch auf diese, wie überhaupt auf einen Zeitvergleich verzichtet werden, wenn zur Standortbestimmung die Funk- oder Radarpeilung angewandt wird, ein dem Rückwärtseinschneiden bei der terrestrischen Vermessung entsprechendes Verfahren, bei welchem durch Peilrichtungen (Visurlinien) nach lagebekannten Funkstationen Winkel ermittelt werden, die eine genaue Standortbestimmung nach Länge und Breite ermöglichen.

Abb. 16: *Zur Entfernungsmessung auf der Erdoberfläche*

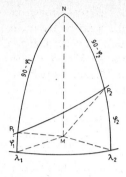

Mitunter werden für Orientierungszwecke auf der Erdoberfläche über die geographische Ortsbestimmung hinaus Entfernungsmessungen notwendig. Dabei handelt es sich im geographischen Sinne immer um die kürzesten Entfernungen zwischen zwei Punkten, d. h. um die Bögen auf Großkreisen. Die Anwendung des Kosinussatzes und eines Additionstheorems in Abb. 16 ergibt für die Entfernung $P_1 P_2$ in Bogenmaß[1] $\cos P_1 P_2 = \sin \varphi_1 \cdot \sin \varphi_2 + \cos \varphi_1 \cdot \cos \varphi_2 \cdot \cos (\lambda_2 - \lambda_1)$. Die entsprechenden Azimute bei P_1 und P_2 ergeben sich aus:

$$\sin NP_1P_2 = \frac{\cos \varphi_2 \cdot \sin(\lambda_2 - \lambda_1)}{\sin P_1 P_2} \quad \text{und} \quad \sin NP_2P_1 = -\frac{\cos \varphi_1 \cdot \sin(\lambda_2 - \lambda_1)}{\sin P_1 P_2}.$$

Der Entfernungsbogen auf einem Großkreis wird *Orthodrome* (gerader Weg) genannt. Daneben gibt es auf der Kugel noch eine andere Verbindungslinie zwischen zwei Punkten, das ist die *Loxodrome*. Der Unterschied zwischen beiden läßt sich am besten am ebenen Beispiel zeigen (vgl. Abb. 17):

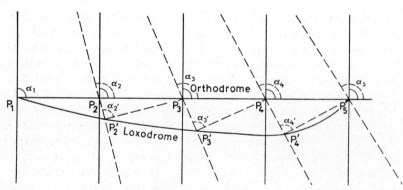

Abb. 17: *Orthodrome und Loxodrome*

Im rechtwinkligen ebenen Koordinatensystem erfüllt jede gerade Strecke zwei Bedingungen: Sie ist die kürzeste Entfernung zwischen zwei Punkten und ihre Richtung gegen die Orientierungsordinaten bleibt in allen Punkten der Strecke erhalten. In einem Koordinatensystem dagegen, in welchem die

---

[1] Für die Errechnung in Streckenmaß ist $1° = 111{,}2$ km zu wählen.

Ordinaten wie bei der Erdkugel gegen einen Pol konvergieren, können im allgemeinen beide Bedingungen nicht gleichzeitig erfüllt werden. Entweder ist die Verbindung zweier Punkte die kürzeste Entfernung, dann schneidet sie jede Orientierungsordinate (Meridiane) unter einem anderen Winkel — oder sie schneidet alle Orientierungsordinaten unter gleichem Winkel, dann ist sie nicht mehr die kürzeste Verbindung, sondern ein bestimmter längerer Weg, eben die Loxodrome (schiefer Weg). Loxodromische Linien sind z. B. sämtliche Parallelkreise, während die Meridiane sowohl loxodromische als auch orthodromische Richtung haben, denn der Winkel gegen die Orientierungsordinaten (sie selbst) ändert sich nicht (ist null), und sie sind zugleich größte Kreise, stellen also die kürzesten Entfernungen zwischen zwei Punkten auf ihnen selbst dar. Der loxodromische Umweg wächst mit der geographischen Breite. Trotzdem genoß er in der Schiffahrt bis in unsere Tage den Vorzug, da er die Einhaltung des gleichen Kurses gestattet. Heute spielen diese Erleichterungen keine Rolle mehr, denn mit Hilfe der Funkpeilungen ist die orthodromische Fahrt ohne Schwierigkeiten möglich.

Die zeitliche Orientierung

Infolge der verschiedenen Bewegungen der Erde bilden sich auf ihr Zeitrhythmen aus, die für das Leben der Menschen von grundlegender Bedeutung geworden sind — der Tag und das Jahr. Der Tag läßt sich definieren als die Zeit, die zwischen zwei Sonnenkulminationen verstreicht. Diese Zeit wird in 24 Teile[1] zerlegt und ein Teil jeweils als Stunde bezeichnet. Genaue Zeitmessungen (Quarzuhren) haben jedoch ergeben, daß nicht alle Tage des Jahres 24 Stunden lang sind, sondern teils länger (Februar und Juli), teils kürzer (November und Mai). Zwar beträgt die Schwankungsbreite nur ca. ± 16 Minuten, dennoch aber muß auf Grund dieser Ungleichförmigkeiten unterschieden werden zwischen dem wahren Sonnentag, der ungleich lang ist, und dem mittleren Sonnentag, dessen Dauer mit stets 24 Stunden gleichsam den Durchschnittswert der verschiedenen Längen aller wahren Sonnentage im Jahr darstellt. Die Ungleichheit hat zwei Ursachen:

a) Nach dem 2. Keplerschen Gesetz[2] bewegt sich die Erde auf ihrer Bahn im Perihel schneller als im Aphel. Demzufolge wird der wahre Sonnentag im Perihel verlängert und im Aphel verkürzt.

---
[1] Die Teilung der Tage in 24 Zeitabschnitte geht auf die Gewohnheit der Babylonier zurück, einen Tag in 12 Abschnitte einzuteilen.
[2] Vgl. Fußnote S. 34.

b) Selbst wenn eine gleichförmige Geschwindigkeit der Bewegung der Erde auf ihrer Bahn angenommen wird, bewirkt die Schiefe der Ekliptik, daß die wahren Sonnentage ungleich lang sind. An beiden Zeitpunkten der Äquinoktien bilden Äquator und Ekliptik einen Winkel von ca. $23^{1}/_{2}°$, und die Deklination[1] der Sonne ist Null. Einen Tag später hat sich die Erde auf der Ekliptik um einen bestimmten Betrag weiterbewegt und eine auf dem Äquator zu messende Rotation um $360°$ vollführt, bis zur nächsten Sonnenkulmination aber plus einem Winkelbetrag, der dem ekliptikalen Bewegungsbetrag, projiziert auf den Äquatorbogen, entspricht. Dieser muß wegen der Ekliptikschiefe kleiner sein als jener. Mit anderen Worten, an diesen Stellen der Erdbahn (Tag- und Nachtgleichen) ändert sich die Rektaszension der Sonne langsamer als ihre ekliptikale Länge. — Zu den Zeiten der Solstitien (Sonnenwenden) jedoch, wenn die Deklination der Sonne ihren Maximalwert erreicht und Ekliptik und Äquator einander parallel verlaufen, ändert sich umgekehrt die Rektaszension der Sonne schneller als die auf der Ekliptik gemessene Länge, d. h. der zusätzliche Winkelbetrag, den die rotierende Erde über $360°$ hinaus bis zur nächsten Sonnenkulmination benötigt, ist größer als die dazugehörige ekliptikale Länge. Diese Winkelunterschiede in Zeit ausgedrückt bedeuten nichts anderes, als daß der wahre Sonnentag zur Zeit der Äquinoktien ein wenig kürzer ist als der zur Zeit der Solstitien. Die Differenz beträgt 5 Winkelminuten = 20 Zeitsekunden.

Als drittes Zeitmaß gibt es den Sterntag, der als die Zeitdauer zwischen zwei Kulminationen nun nicht der Sonne, sondern eines Fixsternes definiert ist. Diese Zeitdauer beträgt $23^h 56^{min} 4,09^{sec}$; der Sterntag ist also um ca. $3^{min} 56^{sec}$ kürzer als der mittlere Sonnentag und ist gleichbedeutend mit der

---

[1] Deklination und Rektaszension sind die Koordinaten des Äquatorialsystems an der Himmelskugel. Die Deklination eines Sternes ist ein Analogon zur geographischen Breite, die Rektaszension zur geographischen Länge. Die Deklination wird vom Himmelsäquator aus auf dem Stundenkreis oder Himmelsmeridian gemessen, die Rektaszension auf dem Himmelsäquator vom Stundenkreis des Frühlingspunktes aus (entspricht einem festgesetzten Nullmeridian).

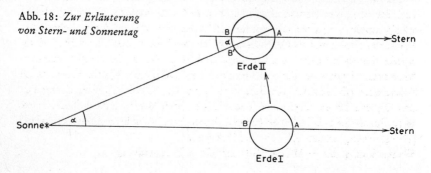

Abb. 18: *Zur Erläuterung von Stern- und Sonnentag*

Dauer einer Erdrotation. Umgekehrt ist entsprechend der mittlere Sonnentag um 3^{min} 56^{sec} länger als der Sterntag. Innerhalb eines Jahres summiert sich die Differenz so weit, daß schließlich das Jahr einen vollen Sterntag mehr hat als Sonnentage. Die Verkürzung findet ihre Erklärung in folgender Überlegung (vgl. Abb. 18).

Ein Fixstern kulminiere in der Erdstellung *I* im Punkte *A*, dann wird er nach einer Drehung der Erde um 360° (Stellung II) wiederum in demselben Punkte *A* kulminieren, obwohl die Erde auf ihrer Bahn um die Sonne inzwischen um den Winkel *α* vorangeschritten ist. Wenn dagegen die Sonne in der Erdstellung *I* in *B* kulminiert, dann kulminiert sie nach einer 360°-Drehung der Erde (Stellung II) in *B* noch nicht wieder, sondern erst, nachdem *B* bis *B'* weitergewandert ist, d. h. die Erde sich um den Winkel 360° + *α* gedreht hat. Da *α* sich in einem Jahr (365,25636 Tage, vgl. S. 34) zu 360° summiert, beträgt sein Wert an einem Tag 0,986° oder in Zeiteinheiten ausgedrückt 3^{min} 56^{sec}. Der Unterschied zwischen Stern- und Sonnentag erklärt sich also aus der Revolution der Erde, die für den weit entfernten Bezugspunkt „Stern" praktisch keine Rolle spielt, die aber für den näheren Bezugspunkt „Sonne", den die Erde ja umwandert, wesentlich ist. Er kommt deutlich darin zum Ausdruck, daß die Auf- und Untergangszeiten sowie die Meridiandurchgänge der Fixsterne sich täglich um 3^{min} 56^{sec} verfrühen. Infolgedessen werden am Osthimmel im Verlauf eines Jahres zu derselben Abendstunde immer neue Sternbilder sichtbar, und ebenso verschwinden solche am Westhimmel, die bis dahin sichtbar waren. Der nächtliche Sternhimmel wandert gleichsam innerhalb eines Jahres in der Richtung von Ost nach West einmal am Beobachter vorbei, also entgegengesetzt der Laufrichtung der Sonne auf ihrer Bahn, so daß der Beobachter 366 Sterntage gegenüber 365 Sonnentagen zählt.

Entsprechend den Unterscheidungen in der Zeitdauer zwischen Sterntag, wahrem Sonnentag und mittlerem Sonnentag muß nun auch für jeden Zeitpunkt unterschieden werden zwischen der Sternzeit, der wahren Sonnenzeit und der mittleren Sonnenzeit. Die Sternzeit hat, obwohl sie völlig gleichmäßig abläuft, aus naheliegenden Gründen für das tägliche Leben der Menschheit keine praktische Bedeutung. Wollte sie sich nach ihr richten, dann würde die Sonne zeitweise am Tage und zeitweise in der Nacht scheinen. Bedeutsam dagegen ist die Sonnenzeit in beiderlei Form. Während die wahre Sonnenzeit sich leicht unmittelbar vom Sonnenstand ableiten läßt, richtet sich das tägliche Leben wegen des Bedürfnisses nach Gleichmaß nach der mittleren Sonnenzeit. Beide aber können durch einen variablen Ausgleichsfaktor (Zeitgleichung) ineinander übergeführt werden:

Wahre Sonnenzeit = Mittlere Sonnenzeit + Zeitgleichung.

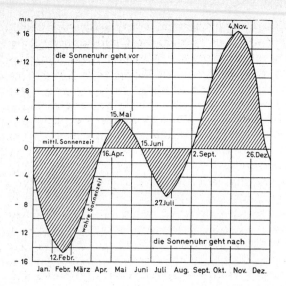

Abb. 19: *Änderung der Zeitgleichung während eines Jahres*

Diese Beziehung ist in Abb. 19 wiedergegeben. Die Kurve gibt an, um wieviel Minuten die Sonne gegenüber der mittleren Sonnenzeit früher (+) oder später (−) kulminiert. Da jeder Ort auf der Erde einem Meridian zugeordnet werden kann und daher auch seine eigene Zeit, die Ortszeit hat, geht diese allgemeine Form der Gleichung über in die spezielle Gleichung: Wahre Ortszeit (WOZ) = Mittlere Ortszeit (MOZ) + Zeitgleichung. Die Ortszeit würde sich für den Gebrauch im täglichen Leben nicht bewähren, weil nur immer die Orte eines Meridians die gleiche Zeit haben. Insbesondere hat die Verkehrsentwicklung dazu geführt, die Ortszeit durch Zonenzeiten zu ersetzen[1], die absprachegemäß auch in einer gewissen ostwestlichen Ausdehnung, in einem Meridianstreifen, Geltung haben. So gibt es z. B. die Mitteleuropäische Zeit (MEZ), der die Ortszeit des 15. Meridians östlich von Grennwich zugrunde liegt, oder die Westeuropäische Zeit (WEZ), die nach der Ortszeit von Greenwich − auch Weltzeit genannt − ausgerichtet ist, usw. Die Ortszeiten derjenigen Orte, die außerhalb des Bezugsmeridians liegen, lassen sich dann im Bedarfsfalle ohne weiteres aus den Zonenzeiten ableiten, wenn bedacht wird, daß die Abweichung um 1° geographische Länge gleichbedeutend ist mit einem Zeitunterschied von 4 Minuten (vgl. S. 43).

Diese Überlegung führt auf der Erdkugel dazu, daß für 360 Längengrade ein Zeitunterschied von 1440 Minuten oder 24 Stunden besteht, daß also − da

---

[1] Vgl. Diercke Weltatlas, S. 164, und LAUTENSACH, Atlas zur Erdkunde, S. 168.

um 24 Uhr jeweils die Tagesbezeichnung vom vorhergehenden zum nächstfolgenden Tag wechselt — der Ausgangspunkt drei Ortszeiten hat, nämlich die Ausgangszeit und zugleich die Zeiten um 24 Stunden bzw. 1 Tag früher oder später, je nachdem die Auszählung über Westen oder Osten erfolgt. (Beispiel: An einem Ort auf der Erde sei es Montag 18 Uhr WOZ, dann müßte dort gleichzeitig Sonntag 18 Uhr sein, wenn die Zeitunterschiede von Meridian zu Meridian über Westen addiert werden — und es müßte dort auch gleichzeitig Dienstag 18 Uhr sein, bei Addition der Zeitunterschiede über Osten.) Dieses Dilemma ist nur aufzuheben dadurch, daß an einem zu bestimmenden Meridian die Aufeinanderfolge der Tage, wie sie an der Mitternachtsgrenze einsetzt, wieder rückgängig gemacht, d. h. die Aufeinanderfolge dort umgekehrt wird. Die Berechnung der Zeitunterschiede von Meridian zu Meridian erfolgt fortlaufend jetzt nur bis zu diesem Grenzmeridian; dort wechselt das Datum, d. h. es werden 24 Stunden zu- oder abgerechnet, je nachdem, ob in Richtung Westen oder Osten gezählt wird. Es wechselt das Datum in Richtung Westen um 24 Stunden auf den nachfolgenden und in Richtung Osten auf den vorhergehenden Tag. Diese Grenze wird deshalb als die Linie des Datumswechsels oder allgemein als *Datumsgrenze* bezeichnet. Man kam überein, sie mit dem 180. Meridian östlich bzw. westlich von Greenwich gleichzusetzen. Diese Wahl entspringt praktischen Erwägungen, denn die Datumsgrenze berührt unmittelbar den menschlichen Lebensrhythmus und konnte nur dort gezogen werden, wo Menschen nicht betroffen sind. Diese Bedingung erfüllt weitgehend der 180. Meridian; er verläuft in fast seiner ganzen Länge durch das Wasser des Pazifischen Ozeans, und wo er das nicht tut (Tschuktschen H.-I., Aleüten, Bereich zwischen Samoa-In. und Antipoden-I.), dort weicht die Datumsgrenze bis ± 5° nach Osten oder Westen von ihm ab. Mit der Datumsgrenze hängt die Kuriosität zusammen, daß bei einer Reise um die Erde in östlicher Richtung kalendermäßig ein Tag eingespart wird, in westlicher Richtung hingegen ein Tag zugesetzt werden muß[1]. Allerdings gilt das nur für Reisegeschwindigkeiten, die kleiner sind als die Rotationsgeschwindigkeit der Erde (vgl. Geschwindigkeiten in der Weltraumfahrt).

Neben dem Tag dient das Jahr dem Menschen als zeitliches Orientierungsmittel. Auch hier lassen sich zwei verschiedene Jahreslängen unterscheiden, je nachdem welcher Fixpunkt für die Zeitbestimmung gewählt wird. Ist dieser ein weit entfernter, aber in der Ekliptik liegender Stern, dessen Eigenbewegung praktisch vernachlässigt werden kann, so wird der Zeitraum, der zwischen zwei scheinbaren Vorbeigängen der Sonne an diesem Stern ver-

---

[1] Diese Kuriosität hat der Roman von JULES VERNE „*Die Reise um die Erde in 80 Tagen*" (1873) zum Gegenstand.

streicht, als ein *Siderisches Jahr* bezeichnet. Es entspricht der wirklichen Dauer des Erdumlaufes um die Sonne und beträgt 365,25636 mittlere Sonnentage = 365 mittlere Sonnentage + 6^h 9^{min} $9,5^{sec}$ (vgl. S. 34).

Wird als Fixpunkt der Frühlingspunkt gewählt (vgl. S. 33), so beträgt der Zeitraum zwischen zwei Durchgängen nur 365,2422 mittlere Sonnentage = 365 Sonnentage + 5^h 48^{min} 46^{sec}. Dieses um 20^{min} $23,5^{sec}$ kürzere Jahr heißt *Tropisches Jahr* und ist der Kalenderzeitrechnung zugrunde gelegt worden, weil es — auf den Frühlingspunkt bezogen — den Vierjahreszeitenrhythmus getreu einhält. Diese vorteilhafte Bedingung erfüllt das Siderische Jahr nicht. Allerdings stimmt auch das Tropische Jahr nicht genau mit dem Kalenderjahr überein, denn es enthält den Bruchteil (0,2422) eines Tages, der praktisch im Kalender nicht verwertbar ist. Die Gregorianische Kalenderreform vom Jahre 1582 hat diesem Tagesbruchteil jedoch dadurch weitgehend Rechnung getragen, daß das normale Kalenderjahr auf 365 mittlere Sonnentage festgesetzt wurde, daß aber jedes vierte Jahr (Schaltjahr) 366 Tage zählt, daß weiterhin bei jeder Jahrhundertwende der Schalttag fortfällt mit Ausnahme jeder vierten Jahrhundertwende. Durch diese Manipulation erhält das Gregorianische Kalenderjahr im Schnitt eine Länge von 365,2425 mittleren Sonnentagen und ist damit um nur 26 sec länger als das Tropische Jahr, ein Betrag, der erst nach 3323 Jahren zu einem Fehler von einem ganzen Tag anwächst.

Die Zeitdifferenz zwischen Siderischem und Tropischem Jahr beruht auf der dritten Bewegungsart der Erde, auf der Präzession (vgl. S. 37). Sie bewirkt, daß der für die Zeitbestimmung des Tropischen Jahres gewählte Bezugspunkt, der Frühlingspunkt, sich in der Ekliptik bewegt und nach 21 000 Jahren die Ausgangslage wieder erreicht. Durch diese Bewegung erfährt das Tropische Jahr gegenüber dem Siderischen, dessen Bezugspunkt im Raume praktisch als festgelegt angesehen werden darf, eine Verkürzung, so daß in 21 000 Jahren die Zahl der Tropischen Jahre um ein volles Jahr größer ist als die Zahl der Siderischen Jahre.

Die Darstellung der Erde im Kartenbild

Seit alters her war es das natürliche Bestreben des um Erkenntnis bemühten Menschen, sein Gesichtsfeld zu erweitern und sich eine Vorstellung auch von den Dimensionsbereichen zu verschaffen, die seiner Sinneswahrnehmung nicht unmittelbar zugänglich sind. Sie zu erschließen, bedurfte es und bedarf es noch heute des Kunstgriffes, mit geeigneten Mitteln diese Bereiche in die Humansphäre zu projizieren, d. h., entweder eine Zeitdehnung oder eine Zeitraffung und analog entweder eine Raumdehnung oder eine Raumraffung vorzunehmen. Letztere insbesondere liegt vor bei dem nächstliegenden Versuch des Menschen, ein übersichtliches Bild von der von ihm bewohnten Erdoberfläche bzw. Teilen derselben einschließlich ihrer Erscheinungs- und Sachverhaltsfülle zu gewinnen. Die Raffung als solche würde allerdings zunächst nur ein in allen Einzelheiten gleichmäßig verkleinertes Bild ergeben, noch nicht aber ein übersichtliches, und zwar ein um so weniger übersichtliches, je größer der zu verkleinernde Ausschnitt der Erdoberfläche gewählt wird, weil mit der Raffung des Raumes als Konkretum neben der Verkleinerung auch gleichzeitig relativ zum Gesichtsfeld des Betrachters eine Verdichtung aller Phänomene eintritt. Der Übersichtlichkeit wegen muß diese Verdichtung so weit gesteuert werden, daß der Grad der Klarheit im Bild dem in der Natur entspricht. Das geschieht durch zwei Maßnahmen: durch die Umsetzung des Stoffes in geeignete graphische Ausdrucksformen; durch inhaltliches und graphisches Generalisieren, d. h. — zunächst ganz allgemein formuliert — durch Maßnahmen, die der Verdichtung entgegenwirken und die Klarheit fördern.

Hieraus leitet sich die konkreter gefaßte Grundaufgabe der Kartographie ab: ein verkleinertes, gewöhnlich verebnetes, graphisch umgesetztes, generalisiertes Bild der Erdoberfläche bzw. von Teilen derselben einschließlich ihrer Erscheinungs- und Sachverhaltsfülle zu entwerfen, das eine der Wirklichkeit entsprechende Vorstellung hervorruft (Lehmann 1952, S. 73). Damit wird der kartographischen Darstellung eine ähnliche Funktion zugewiesen wie etwa der Sprache bzw. der Schrift, nur mit dem Unterschied, daß einerseits das zeitliche Nacheinander in Sprache und Schrift vom gleichzeitigen Nebeneinander in der kartographischen Darstellung abgelöst wird, jedoch andererseits die detaillierte Information der generalisierten weichen muß. Hier wie dort ist aber eine Reihe regelnder Vereinbarungen unerläßlich, durch welche die Aufgabe überhaupt erst erfüllbar wird.

Im Laufe der Zeit entstanden Erddarstellungen in zweierlei Formen: in Gestalt der Karte und des Globus. Für den vielseitigen praktischen Gebrauch hat sich schließlich die Karte durchgesetzt, weil sie dem Globus in Handlichkeit und Darstellungsmöglichkeit überlegen ist. Allerdings wird diese Überlegenheit erkauft mit dem Verzicht auf die Erhaltung der natürlichen Lagerelationen. Sie erfahren eine mehr oder weniger weitgehende Modifizierung in Verbindung mit den Verzerrungen, die bei der Übertragung einer gekrümmten (Erde) auf eine ebene Fläche (Karte) auftreten. Die Verzerrungen und damit auch die Modifizierungen der Lagerelationen bestimmbar und in Grenzen zu halten, ist daher ein Hauptanliegen in der Kartographie. Zu seiner Durchführung bedarf es eines festen Bezugssystems, das sich in den sphärischen Koordinaten, d. h. dem Gradnetz der Erde, anbietet (vgl. S. 40 ff.). Aus ihm und der erdraumbezogenen Substanz (Erscheinungs- und Sachverhaltsfülle) besteht der Karteninhalt. Bevor jedoch an die kartographische Gestaltung des substantiellen Karteninhaltes gedacht werden kann, muß zunächst jenes Bezugssystem, müssen die fiktiven Orientierungslinien der Erde, Meridiane und Parallelkreise abgebildet werden. Sie sind das mathematische Grundgerüst jeder Karte, ohne das die darzustellende Substanz lagemäßig beziehungslos bliebe.

Die Abbildung des Gradnetzes

Verkleinerung und Maßstab

Eine Verkleinerung versteht sich immer als Verhältnis von Größen gleicher Maßeinheit, das einer gesetzmäßigen Regelung unterliegt; es gibt an, wie sich ein Element in der Abbildung (B) zum gleichen in der Natur (N) hinsichtlich einer das Element kennzeichnenden Abmessung verhält, und zwar in Form der allgemeinen Maßstabsfunktion $\frac{B}{N} = \frac{1}{M}$.

Die Funktion geht über in eine Maßstabsgleichung, wenn 1/M einen numerisch fixierten Wert annimmt, der als „Maßstab" bezeichnet wird. Ist dieser z. B. 1 : 100 000, so bedeutet das, daß 1 cm im Kartenbild 100 000 cm (beachte die gleiche Einheit) = 1 km in der Natur entsprechen. Da der Maßstab ein Zahlenverhältnis ist, müssen Zähler und Nenner natürlich immer in gleichen Maßeinheiten ausgedrückt werden.

M wird der Maßstabsmodul oder die Maßstabszahl genannt. Ist der Maßstabsmodul groß (etwa 20 Mill.), so handelt es sich um einen kleinen Maßstab, weil der Quotient klein ist; ist der Modul klein (etwa 25 000), so handelt es sich auf Grund gleicher Überlegung um einen großen Maßstab. Je größer also der Modul ist, desto kleiner ist der Maßstab und umgekehrt.

Aus der Maßstabsgleichung läßt sich jeder Faktor leicht bestimmen, wenn die beiden anderen bekannt sind:
$$B = \frac{N}{M} \;;\; N = B \cdot M \;;\; M = \frac{N}{B}.$$

Bei der Erdabbildung beziehen sich diese Gleichungen stets nur auf ein lineares Element, den Erdradius R. Aus seinem Verkleinerungsverhältnis ergibt sich der Maßstab, der sich dann in der Karte auf alle längentreu abgebildeten Teile des Gradnetzes überträgt, aber auch *nur* auf sie angewandt werden kann. Sind jedoch die Verzerrungsverhältnisse bekannt, so läßt sich der angegebene Maßstab auch für verzerrte Längen umrechnen. Auf S. 82 wird eine solche Umrechnung für das Mercatornetz angegeben.

Mit größer werdenden Maßstäben entfällt in steigendem Maße die Einschränkung, daß die Maßstabsangabe nur für bestimmte ausgezeichnete Strecken Gültigkeit besitzt. Da bei wachsendem Maßstab die gekrümmte Erdoberfläche einer ebenen Fläche immer ähnlicher wird, verringern sich die Verzerrungsfehler so, daß fast Winkel-, Flächen- und Längentreue gleichzeitig erreicht werden. In solchen Karten gelten die angegebenen Maßstäbe uneingeschränkt. Das ist der Fall vor allem bei den sogenannten Amtlichen Kartenwerken der großen Maßstäbe von 1 : 300 000 an aufwärts. Bei diesen großmaßstäbigen Karten handelt es sich nicht mehr um die Abbildung der ganzen Erdkugel oder auch nur größerer Teile derselben auf Einzelkarten, sondern um Ausschnittsdarstellungen von beschränktem Umfang, deren Einzelkarten (meistens im Rahmen eines Staates) zusammengefaßt sind.

Verebnung und Verzerrung

Das Grundproblem der Abbildung des Gradnetzes besteht in seiner Verebnung, in der Frage also, wie die allseitig gekrümmte Erdoberfläche in eine Kartenebene verwandelt werden kann, ohne daß auf die Kongruenz bzw. bei Verkleinerung auf die Ähnlichkeit zwischen Objekt und seinem Abbild verzichtet werden muß; eine Frage, die mit kleiner werdendem Maßstab immer bedeutsamer wird. Eine große Zahl von Lösungsversuchen liegt bis heute vor,

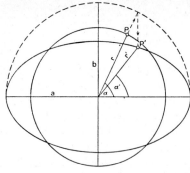

Abb. 20: *Verzerrungsellipse (Indikatrix)*

aber keiner befriedigt, weil das Problem nicht lösbar ist. Es ist nur zu umgehen dadurch, daß die Bedingung der gleichzeitigen Übertragungstreue von Flächen, Winkeln und Längen fallen gelassen wird, denn immer gibt es nur die Alternative zwischen Winkel- und Flächentreue. Längentreue in allen Teilen der Karte ist überhaupt nicht zu erreichen. Auf diesem Zugeständnis beruhen alle Gradnetzentwürfe mit der Maßgabe allerdings, daß in jedem Falle ein möglichst hohes Maß an Übertragungstreue erzielt werden sollte. Aber auch darauf ist mehrfach verzichtet worden, und zwar zugunsten der sogenannten Gesichts- oder Formtreue, worunter eine rein physiognomisch zu wertende Umrißähnlichkeit verstanden wird. Dabei wird dann meistens weder auf Flächen-, noch auf Winkel-, noch auf Längentreue Wert gelegt.

Das Maß der Übertragungstreue ist quantitativ bestimmbar, und zwar an Hand der auftretenden Verzerrungen bei Längen, Flächen und Winkeln. Untersucht man daraufhin einen kleinsten Kreis (vgl. Abb. 20) mit dem Radius $r = 1$ auf der Erdkugel, so bildet sich dieser im Zuge der Verebnung als Ellipse (Indikatrix) mit den Halbmessern a und b ab. Die Radiuslänge r kann dann als r' alle Werte zwischen a und b annehmen, d. h. die ursprüngliche Länge r wird je nach Lage verändert. Weiterhin kommt es zur Verlagerung entsprechender Punkte auf Kreis und Ellipse bzw. zur Veränderung des Richtungswinkels gegen die große Halbachse der Ellipse, unter dem ein Punkt auf dem Kreis fixiert ist; α wird zu α'. An Hand dieser Größen lassen sich — außer der Formverzerrung — die Verzerrungen folgendermaßen definieren:

Längenverzerrung: $\dfrac{r'}{r} = \dfrac{r'}{1} = r' = \sqrt{a^2 \cdot \cos^2\alpha + b^2 \cdot \sin^2\alpha}$;

Flächenverzerrung: $\dfrac{F_E}{F_K} = \dfrac{a \cdot b \cdot \pi}{r^2 \cdot \pi} = a \cdot b$;

Winkelverzerrung: Sie ist als doppelter Wert der maximalen Winkeländerung $\alpha - \alpha'$ definiert. Die Winkeländerung allgemein ist $\sin(\alpha - \alpha') = \dfrac{a - b}{a + b}$ · $\sin(\alpha + \alpha')$. Die maximale Änderung tritt ein bei $\alpha + \alpha' = \dfrac{\pi}{2}$; dann ist

$$\sin(a - a') = \frac{a-b}{a+b} \text{ und } \sin 2(a-a') = 4 \cdot \sqrt{a \cdot b} \cdot \frac{(a-b)}{(a+b)^2}. \text{ Ist } a = b,$$
d. h. bildet sich der Kreis wieder als Kreis ab, so wird $a = a'$, d. h. es tritt keine Winkelverzerrung ein.

Um die Verzerrungsverhältnisse für ein irgendwie verebnetes Gradnetz beurteilen zu können, müssen hinreichend viele Punkte hinsichtlich der in ihrer kleinsten Umgebung auftretenden Verzerrungen untersucht werden. Verbindet man die Punkte gleicher Verzerrung miteinander, so ergeben sich Iso- oder Äquideformaten, mit deren Hilfe ein anschauliches Bild von den Verzerrungsverhältnissen insgesamt gewonnen werden kann.

Die nächstliegende Methode, die Erdkugel in der Kartenebene abzubilden, ist die Projektion des Gradnetzes unmittelbar auf diese Ebene. Sofern das Ergebnis jedoch als das einzig mögliche angesehen wird, um die an eine Karte gestellten Ansprüche zu befriedigen, ist es unzureichend. Deshalb ist schon bald die Methode erweitert worden, und zwar sowohl hinsichtlich des Übertragungsmittels „Projektion" als auch hinsichtlich der Abbildungsgrundlage „Ebene". Weil die Projektion nur zwei Möglichkeiten bietet — die Zentral- und die Parallelprojektion —, findet über sie hinaus ganz allgemein das umfassendere Verfahren der Konstruktion (Netzentwurf) Anwendung. Von den heute gebräuchlichen Kartennetzen sind nur die wenigsten durch eigentliche Projektionen entstanden. Es ist daher richtiger, insgesamt von Kartennetzkonstruktionen (-entwürfen) und nicht von Gradnetzprojektionen zu sprechen. — Und die unmittelbare Abbildungsgrundlage „Ebene" ist vom Kegelmantel abgelöst worden, der, über die Kugel gestülpt und zur Ebene ausgerollt, eine ganze Reihe von Abbildungsmöglichkeiten zuläßt. Da Ebene und Zylinder nur Sonderfälle eines Kegels sind (Öffnungswinkel 180° bzw. 0°), genügt es, ganz allgemein den Kegelmantel als Abbildungsgrundlage anzusehen. So sind mit wenigen Ausnahmen die meisten Kartennetze Konstruktionen auf dem Kegelmantel, wobei die Kegelachse entweder a) mit der Erdachse zusammenfällt (erdachsig, polständig) oder b) einen Winkel φ ($0° > \varphi > 90°$) mit der Erdachse bildet (schiefachsig, zwischenständig) oder c) in der Äquatorebene liegt (querachsig, äquatorständig, transversal). Darüber hinaus gibt es eine Reihe von Konstruktionen nichtkegeliger Art, bei denen die Kennzeichen der kegeligen Abbildungen (geradlinige Meridiane, kreisförmige Parallelkreise, unter Umständen auch Rechtschnittigkeit der Netze) entfallen. Die gebräuchlichsten Konstruktionen werden in den folgenden Kapiteln einzeln besprochen. Dabei wird die Erde als Kugel angesehen (vgl. Tab. 4, S. 28), und alle Angaben werden in der Originalabmessung gemacht.

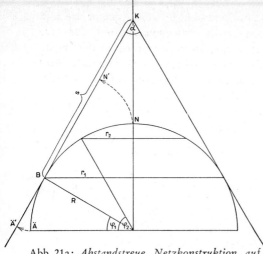

Abb. 21a: *Abstandstreue Netzkonstruktion auf dem erdachsigen Berührungskegel*

Kartennetze

Abstandstreue Konstruktion auf dem erdachsigen Berührungskegel

Grundgedanke: Ein Kegel mit dem spitzen Winkel $\alpha < 180°$ und $> 0°$ wird so über die Erdkugel gestülpt, daß seine Achse mit der Erdachse zusammenfällt und daß sein Mantel die Erdkugel in dem Parallelkreis (Breite φ_1) berührt, welcher etwa in der Mitte des Kartenbildes liegen soll. Die Meridiane werden sodann vom Berührungspunkt B bzw. vom Berührungsparallelkreis aus nach oben und unten auf der Innenfläche des Kegelmantels abgewickelt, so daß N nach N' und $Ä$ nach $Ä'$ fällt und der Bogen BN zur Strecke BN' wird sowie der Bogen $BÄ$ zur Strecke $BÄ'$. Die

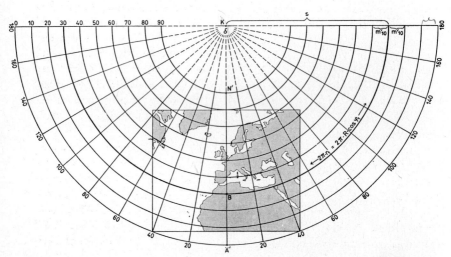

Abb. 21b: *Gradnetz nach der abstandstreuen Konstruktion auf dem erdachsigen Berührungskegel*

Abwicklung erfolgt sinnvollerweise nur höchstens bis zum Äquator; sie auch auf die untere Halbkugel auszudehnen, ist unzweckmäßig, weil dann die Verzerrungen (Dehnung der Parallelkreise) zu groß werden. Damit ist das Gradnetz einer Halbkugel vollständig auf dem Kegelmantel abgebildet. Wird dieser aufgeschnitten und zur Ebene ausgerollt, so stellt er sich als ein Kreissektor dar, dessen bestimmender Kreisbogen gleich ist dem Umfang des Berührungsparallelkreises ($2\pi \cdot r_1 = 2\pi \cdot R \cdot \cos\varphi_1$). Damit sind folgende Größen bekannt, die als Konstruktionselemente benutzt werden können:

Radius (Kegelspitze bis zum Berührungsparallelkreis) $S = R \cdot \operatorname{ctg}\dfrac{\alpha}{2} = R$

$\cdot \operatorname{ctg}\varphi_1$, $\left[\text{denn } \dfrac{\alpha}{2} = \varphi_1\right]$; Öffnungswinkel $\delta = 360° \cdot \sin\varphi_1$, $\left[\text{denn } \dfrac{\delta}{360°}\right.$

$= \dfrac{2\pi \cdot r_1}{2\pi \cdot s} = \dfrac{R \cdot \cos\varphi_1}{R \cdot \operatorname{ctg}\varphi_1} = \sin\varphi_1\left.\right]$; bzw. Länge des Berührungsparallelkreises $p_1' = 2\pi \cdot r_1 = 2\pi \cdot R \cdot \cos\varphi_1$; oder eines Parallelkreisbogens

$p'_{10°} = \dfrac{2\pi \cdot R \cdot \cos\varphi_1}{36}$; Meridianbogen $m'_{10°} = \dfrac{2\pi \cdot R}{36}$, denn die Meridiane werden wegen der Abwicklung in ihrer wirklichen Länge übertragen[1].

Durchführung: Auf einem Mittelmeridian $Ä'$-B-N' wird der Konstruktionspol K (Kegelspitze) angenommen und um ihn mit dem Radius s ein Kreisbogen von der Länge des Berührungsparallelkreises $2\pi \cdot R \cdot \cos\varphi_1$ bzw. unter dem Öffnungswinkel δ geschlagen. Vom Schnitt dieses Kreisbogens mit dem Mittelmeridian oder auch mit dem Radiusstrahl s sind die Meridianbögen m' nach oben bis N' auf der Pollinie und nach unten bis $Ä'$ auf dem Äquator abzutragen und durch die gefundenen Punkte weitere Kreisbögen um K unter dem Öffnungswinkel δ zu zeichnen. Damit sind alle Parallelkreise einer Halbkugel als konzentrische Kreise festgelegt. Um entsprechend die Meridiane zu finden, ist nur nötig, den Öffnungswinkel δ in 36 Teile bzw. einen Parallelkreis in 36 gleichgroße Parallelkreisbögen p' zu teilen und durch K radiale Strahlen zu ziehen.

Eigenschaften: Nur der Berührungsparallelkreis ist längentreu, alle anderen Parallelkreise sind gedehnt, und der Nordpol ist zu einer kreisförmig gekrümmten Pollinie ausgezogen. Alle Meridiane sind längentreu wiedergegeben (Abwicklung) und schneiden sich mit den Parallelkreisen wie auf der Kugel rechtwinklig (rechtschnittig). Dagegen ist die Karte weder flächen- noch winkeltreu, was durch einen Vergleich der polnahen Gradfelder auf Karte und Kugel leicht einzusehen ist. Das Netz eignet sich für Ausschnittdarstel-

---

[1] Die Meridian- und Parallelkreisbögen m und p sind in den Zeichnungen jeweils von 10° zu 10° dargestellt. R = Erdradius, r = Radius eines Parallelkreises.

lungen (vgl. Abb. 21 b) in der Umgebung des Berührungsparallelkreises, und hier besonders für Länderdarstellungen mit nicht zu großer meridionaler Ausdehnung, denn infolge der Parallelkreis-Dehnung und der damit verbundenen Längenvergrößerung wachsen vor allem polwärts die Formverzerrungen relativ schnell.

Konstruktion auf dem erdachsigen Berührungskegel in vereinfachter Form

Grundgedanke: Er ist im wesentlichen der gleiche wie bei der vorhergehenden Konstruktion und ist nur insoweit abgewandelt, als die Meridiane nicht mehr durch geradlinige Verbindungen zwischen den Teilpunkten des längentreuen Berührungsparallelkreises und dem Konstruktionspol K gefunden werden. Vielmehr werden sie als die geradlinigen Verbindungen zwischen den Teilpunkten zweier längentreu eingeteilter Parallelkreise dargestellt, nämlich des Berührungsparallelkreises und eines zweiten zu wählenden Parallelkreises. Eine echte Abwicklung liegt also allein für den Mittelmeridian vor, sonst aber ist sie nur noch eine scheinbare, insofern nämlich, als die Gleichabständigkeit der konzentrischen Parallelkreise untereinander er-

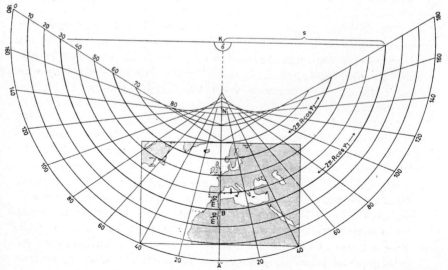

Abb. 22: *Gradnetz nach der Konstruktion auf dem erdachsigen Berührungskegel in vereinfachter Form*

halten bleibt. Somit tritt gegenüber der vorigen Konstruktion ein weiteres Konstruktionselement hinzu, nämlich ein zweiter längentreuer Parallelkreis $p'_2 = 2\pi R \cdot \cos\varphi_2$.

Durchführung: Auch sie ist bis auf die Zeichnung der Meridiane die gleiche wie bei der vorigen Konstruktion. Vom Mittelmeridian aus wird aber neben dem Berührungsparallelkreis zusätzlich ein zweiter Parallelkreis längentreu eingeteilt. Die geradlinigen Verbindungen der Teilpunkte der beiden Parallelkreise ergeben die Meridiane, die sich nun nicht mehr im Konstruktionspol K, sondern unterhalb von ihm jeweils paarweise in verschiedenen Punkten auf dem Mittelmeridian schneiden.

Eigenschaften: Durch die besondere Konstruktion der Meridiane geht bis auf den Mittelmeridian ihre Längentreue verloren, dagegen sind zwei Parallelkreise längentreu. Dadurch werden in ihrem Bereich die Formverzerrungen relativ klein, denn die Parallelkreise zwischen ihnen sind nicht gedehnt, sondern etwas verkürzt. Andererseits ist das Gradnetz bis auf den Mittelmeridian nicht mehr rechtschnittig und deshalb für die Darstellung höherer Breiten unbrauchbar. Die Karte ist wie die vorige weder flächen- noch winkeltreu.

Konstruktion auf dem erdachsigen Berührungskegel in erweiterter Form nach BONNE

Grundgedanke: In folgerichtiger Weiterentwicklung der vorhergehenden Konstruktion sollen jetzt über den Berührungsparallelkreis hinaus alle Parallelkreise längentreu abgebildet werden, womit die weiteren Konstruktionselemente p'_3, p'_4 usw. hinzutreten. Die Meridiane als Verbindungslinien der Teilpunkte aller längentreu eingeteilten Parallelkreise werden damit zu charakteristischen Kurven.

Durchführung: Bis auf die Zeichnung der Meridiane erfolgt die Konstruktion wie bei den beiden vorhergehenden Entwürfen. Sodann werden alle Parallelkreise vom Mittelmeridian aus längentreu eingeteilt und die entsprechenden Teilpunkte untereinander zu Meridiankurven verbunden.

Eigenschaften: Die Karte ist flächentreu, denn die Gradnetztrapeze der Karte haben nach Konstruktion die gleichen Grundlinien und Höhen wie die der Kugel. Nach Konstruktion sind auch alle Parallelkreise und der Mittelmeridian längentreu. Der Pol stellt sich als Punkt dar. Rechtschnittig ist das Netz nur am Mittelmeridian. Die Karte ist nicht winkeltreu, die Verzerrungen sind jedoch am geringsten in der Breite des Berührungsparallel-

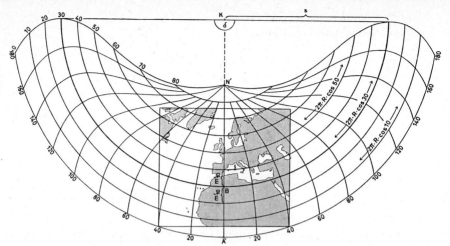

Abb. 23: *Gradnetz nach der Konstruktion auf dem erdachsigen Berührungskegel in erweiterter Form (nach* BONNE*)*

kreises am Mittelmeridian und nehmen infolge des Verlustes der Rechtschnittigkeit nach den Seiten und den höheren Breiten hin rasch zu. Aus diesem Grunde sind — wenn überhaupt — entsprechende Ausschnittdarstellungen im Mittelpunktsbereich der Karte zu empfehlen.

Konstruktion auf dem erdachsigen Schnittkegel nach DELISLE

Grundgedanke: Der über die Erdkugel gestülpte Kegel durchdringt sie in zwei Parallelkreisen unter den Breiten φ_1 und φ_2, in deren Bereich der Kartenausschnitt liegen soll. Wie in Abb. 21a der Berührungsparallelkreis, bilden sich hier die beiden Schnittparallelkreise unmittelbar auf dem Kegelmantel ab; dagegen ist eine Abwicklung der Kugeloberfläche bzw. der Meridiane hier nicht möglich, weil der Meridianbogen $m_{\varphi_2 - \varphi_1} = b$ zwischen den Schnittparallelkreisen nur gestaucht auf der Kegelmantelseite s abgebildet werden kann. Er erfährt also eine Verkürzung im Verhältnis $\frac{s}{b}$. Trotz dieser Verkürzung läßt sich dennoch wie bei der Abwicklung in Abb. 21a eine längentreue Darstellung der Meridiane dadurch erreichen, daß die längentreuen Schnittparallelkreise und Teilungen im gleichen Verhältnis gekürzt werden. Das bedeutet zunächst nichts anderes als eine Maßstabsveränderung,

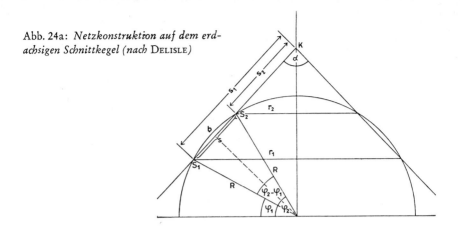

Abb. 24a: *Netzkonstruktion auf dem erdachsigen Schnittkegel (nach* DELISLE*)*

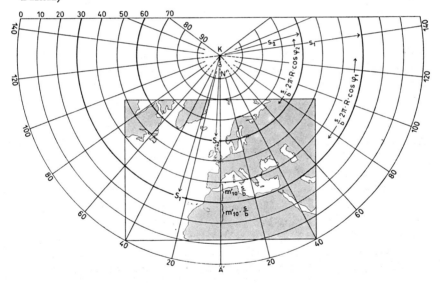

Abb. 24b: *Gradnetz nach der Konstruktion auf dem erdachsigen Schnittkegel (nach* DELISLE*)*

die ihrerseits dann wieder aufgehoben werden kann. Dazu ist es notwendig, die Konstruktion nicht mit einem gewünschten Maßstabsmodul M (vgl. S. 53), sondern zunächst mit $M \cdot \frac{s}{b}$ durchzuführen. Im Effekt, d. h. nach der Verkürzung der Meridiane und Parallelkreise, ist dann das Gradnetz mit dem gewünschten Modul M dargestellt. Nach Aufschneiden des Schnittkegels und seiner Ausrollung zur Ebene ergeben sich folgende Konstruktionselemente:

Radius $s_1 = \dfrac{R \cdot \cos\varphi_1}{\sin\dfrac{\varphi_1 + \varphi_2}{2}}$,

$\left[\text{denn } \sin\dfrac{\alpha}{2} = \dfrac{r_1}{s_1} \text{ und } \dfrac{\alpha}{2} = \dfrac{\varphi_1 + \varphi_2}{2} \text{ sowie } r_1 = R \cdot \cos\varphi_1\right]$;

Radius $s_2 = \dfrac{R \cdot \cos\varphi_2}{\sin\dfrac{\varphi_1 + \varphi_2}{2}}$,

$\left[\text{denn } \sin\dfrac{\alpha}{2} = \dfrac{r_2}{s_2} \text{ und } \dfrac{\alpha}{2} = \dfrac{\varphi_1 + \varphi_2}{2} \text{ sowie } r_2 = R \cdot \cos\varphi_2\right]$;

Verkürzungsfaktor $\dfrac{s}{b} = \dfrac{\sin\dfrac{\varphi_2 - \varphi_1}{2}}{\text{arc}\dfrac{\varphi_2 - \varphi_1}{2}}$,

$\left[\text{denn }\dfrac{b}{2} = R \cdot \text{arc}\dfrac{\varphi_2 - \varphi_1}{2} \text{ und } \dfrac{s}{2} = R \cdot \sin\dfrac{\varphi_2 - \varphi_1}{2}\right]$;

Öffnungswinkel $\delta = \dfrac{s}{b} \cdot 360° \cdot \sin\dfrac{\varphi_1 + \varphi_2}{2}$,

$\left[\text{denn } \dfrac{\delta}{360°} = \dfrac{s}{b} \cdot \dfrac{2\pi \cdot R \cdot \cos\varphi_2}{2\pi \cdot s_2} = \dfrac{s}{b} \cdot \dfrac{R \cdot \cos\varphi_2 \cdot \sin\dfrac{\varphi_1 + \varphi_2}{2}}{R \cdot \cos\varphi_2}\right]$;

Länge der verkürzten Schnittparallelkreise $p'_1 = \dfrac{s}{b} \cdot 2\pi \cdot R \cdot \cos\varphi_1$ und $p'_2 = \dfrac{s}{b} \cdot 2\pi \cdot R \cdot \cos\varphi_2$;

Länge der verkürzten Meridianbögen $m'_{10°} \cdot \dfrac{s}{b} = \dfrac{2\pi \cdot R \cdot s}{36 \cdot b}$.

Durchführung: Um den Konstruktionspol K auf einem zu wählenden Mittelmeridian werden zwei konzentrische Kreise von der Länge p'_1 und p'_2 bzw. unter dem Öffnungswinkel δ mit den Radien s_1 und s_2 geschlagen. Vom Schnittpunkt eines dieser Kreise mit dem Mittelmeridian wird dieser bis zum Äquator $Ä'$ und bis zum Nordpol N' in neun Abschnitte von der Länge $m'_{10°} \cdot \dfrac{s}{b}$ geteilt. Durch die ermittelten Punkte werden von K aus die noch fehlenden Parallelkreise als konzentrische Kreise gezeichnet. Die radialen Strahlen der Meridiane werden durch Teilung des Öffnungswinkels δ bzw. der beiden Parallelkreise p'_1 und p'_2 in 36 gleiche Abschnitte gefunden.

Eigenschaften: Das Netz verbindet die vorteilhaften Eigenschaften der beiden erstgenannten Kegelentwürfe (vgl. S. 56–59). Die Rechtschnittigkeit bleibt erhalten, und sämtliche Meridiane sowie zwei Parallelkreise sind ober- und unterhalb der Schnittkreise gedehnt und innerhalb verkürzt. Die Erdpole werden zu Pollinien. Flächen- und winkeltreu ist die Karte nicht. Sie eignet sich insbesondere für Länderdarstellungen im Bereich zwischen den Schnittparallelkreisen, obwohl auch darüber hinaus die Verzerrungen geringer sind als bei den drei anderen Kegelnetzen.

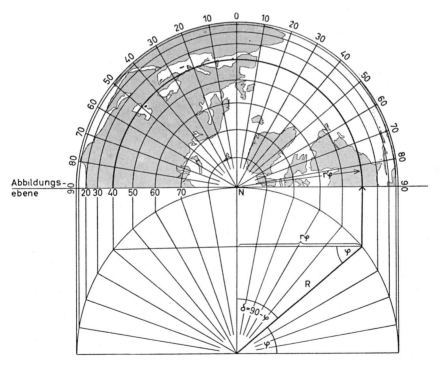

Abb. 25: *Gradnetz nach der orthographischen Konstruktion auf der erdachsigen Ebene*

Orthographische Konstruktion auf der erdachsigen Ebene

Grundgedanke: Durch Parallelprojektion soll das Gradnetz einer Erdhalbkugel auf der im Pol tangierenden Ebene dargestellt werden, so daß sich nach dem Umklappen der Ebene die Parallelkreise als konzentrische Kreise um N und die Meridiane als radiale Strahlen durch N abbilden. Einziges Konstruktionselement ist der Radius r', der durch das Breitenteilungsgesetz bestimmt ist: $r_\varphi' = R \cdot \cos \varphi = R \cdot \sin \delta$.

Durchführung: Um N werden mit r_φ' konzentrische Kreise als Parallelkreise gezogen, und der Mittelpunktswinkel wird in 36 gleiche Teile geteilt, durch die die Meridianstrahlen bestimmt sind. Die Konstruktion läßt sich auch geometrisch durch Parallelprojektion des Gradnetzes ausführen.

Eigenschaften: Die Konstruktion ist nur sinnvoll für die Abbildung einer Erdhälfte. Alle Parallelkreise sind längentreu, die Meridiane dagegen verkürzt, und zwar nimmt die Verkürzung vom Pol zum Äquator hin zu. Dadurch werden die niederen Breiten in meridionaler Richtung zusammengedrückt und wirken daher stark formverzerrt. Die Rechtschnittigkeit bleibt gewahrt. Die Karte ist nicht flächentreu und im ganzen auch nicht winkeltreu, wenn von der einen Ausnahme des Mittelpunktes N abgesehen wird. In diesem Punkte sind alle Richtungswinkel (Azimute) zwischen den Meridianebenen genauso groß wie auf der Kugel. Der Nachweis der Winkeltreue wie auch der Flächentreue kann durch die Verzerrungsellipse oder Indikatrix geführt werden. Wenn der Schnittkreis einer beliebigen Kugelkappe sich in der Karte als Ellipse darstellt, dann entstehen zwischen den entsprechenden Mittelpunktswinkeln im Kreis und in der Ellipse Größenverschiebungen, die das Ausmaß der Verzerrungen angeben. Je flacher die Ellipse ist, desto größer ist die Winkelverzerrung in dem betreffenden Punkt, andererseits ist diese Null, wenn sich der Kreis wiederum als Kreis darstellt. Das ist hier der Fall, denn die Abbildung der Schnittkreise der Kugelkappen mit N als Mittelpunkt zeigt wiederum Kreise. In ähnlicher Weise läßt sich eine Aussage über die Flächentreue machen, wenn die Inhalte der Kugelkappenoberflächen mit den entsprechenden Indikatrixflächen verglichen werden.

Orthodromische, zentrale oder gnomonische Konstruktion auf der erdachsigen Ebene

Grundgedanke: Die Projektion des Gradnetzes auf die Ebene erfolgt hier als Zentralprojektion vom Erdmittelpunkt aus. Das Halbmessergesetz lautet dementsprechend $r_\varphi' = R \cdot \operatorname{ctg} \varphi = R \cdot \operatorname{tg} \delta$.

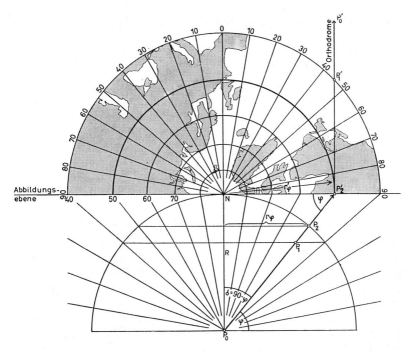

Abb. 26: *Gradnetz nach der orthodromischen Konstruktion auf der erdachsigen Ebene*

Durchführung: Wie vorgenannte Konstruktion; Zentralprojektion des Gradnetzes aus dem Erdmittelpunkt.

Eigenschaften: Längentreu dargestellt ist nur der Pol selbst, während alle anderen Parallelkreise gedehnt sind. Auch die Meridiane sind nicht längentreu, ihre Bögen wachsen vom Pol zum Äquator ins Unendliche. Aus diesem Grunde ist die Darstellung einer vollen Halbkugel nicht möglich. Winkeltreu ist die Karte lediglich nur im Pol selbst, und es ist wegen des Anwachsens der Flächen leicht einzusehen, daß sie auch nicht flächentreu sein kann. Eine besondere Eigenschaft des Gradnetzes ist, daß jeder Großkreis der Kugel als Gerade abgebildet wird, daher die Bezeichnung „orthodromische Konstruktion". Aus diesem Grunde eignet sich das Netz besonders in der See- und Luftfahrt für Funkortungskarten.

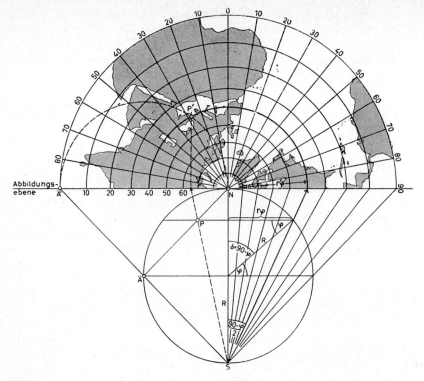

Abb. 27: *Gradnetz nach der stereographischen Konstruktion auf der erdachsigen Ebene*

Stereographische Konstruktion auf der erdachsigen Ebene

Grundgedanke: Die Zentralprojektion des Gradnetzes auf die Ebene wird vom **gegenüberliegenden Pol** aus vorgenommen, so daß das Halbmessergesetz lautet $r_\varphi' = 2\,R \cdot \operatorname{tg}\dfrac{90° - \varphi}{2} = 2\,R \cdot \operatorname{tg}\dfrac{\delta}{2}$.

Durchführung: Wie bei der orthographischen und orthodromischen Konstruktion; Zentralprojektion des Gradnetzes vom gegenüberliegenden Pol.

Eigenschaften: Mit Ausnahme des Pols erscheinen alle Parallelkreise gedehnt, und auch die Meridiane sind nicht längentreu. Die Länge ihrer Bögen nimmt zum Äquator hin zu, jedoch in weit geringerem Maße als im orthodromischen Netz, so daß hier die Darstellung einer vollen Erdhälfte und darüber hinaus möglich ist. Die Rechtschnittigkeit ist gewahrt. Die Karte ist nicht flächentreu, jedoch winkeltreu, denn jeder Schnittkreis wird wieder als Kreis abgebildet (vgl. S. 54 und Abb. 27, $ÄPN - Ä'P'N$). Deshalb findet das Gradnetz vor allem in Sternkarten, Wetterkarten und solchen, die der astronomischen Ortsbestimmung dienen, Verwendung.

Flächentreue Konstruktion auf der erdachsigen Ebene nach LAMBERT

Grundgedanke: Flächentreue wird zur Bedingung gemacht; sie wird erfüllt, wenn die Halbmesser der konzentrischen Abbildungskreise r_φ' gleich sind den Polsehnen der entsprechenden Parallelkreise, also $r_\varphi' = s_\varphi$, denn dann ist die Kreisfläche $\pi r_\varphi'^2$ genauso groß wie die Oberfläche der Kugelkappe $P_1 N P_2 = 2\pi \cdot R \cdot h$, die sie in der Ebene darstellt. Oder umgekehrt wäre zu beweisen, daß $r_\varphi' = s_\varphi$ ist, wenn $\pi r_\varphi'^2 = 2\pi \cdot R \cdot h$ ist: $r_\varphi'^2 = 2R^2 \cdot (1 - \sin\varphi)$, $\left[\text{denn} \quad \sin\varphi = \dfrac{R-h}{R} \quad \text{oder} \quad h = R \cdot (1 - \sin\varphi)\right]$;

$$r_\varphi' = R \cdot \sqrt{2 \cdot (1 - \sin\varphi)} = R \cdot \sqrt{\dfrac{2 \cdot 2 \cdot [1 - \cos(90° - \varphi)]}{2}} =$$

$$= 2R \cdot \sqrt{\dfrac{1 - \cos\delta}{2}} = 2R \cdot \sin\dfrac{\delta}{2}, \left[\text{weil allgemein } \sin\dfrac{\alpha}{2} = \sqrt{\dfrac{1 - \cos\alpha}{2}}\right].$$

Andererseits läßt sich aber auch aus der Abb. 28 ableiten, daß

$$s_\varphi = 2R \cdot \sin\dfrac{90° - \varphi}{2} = 2R \cdot \sin\dfrac{\delta}{2} \text{ ist. Also } r_\varphi' = s_\varphi \text{ [Halbmessergesetz]}.$$

Durchführung: Wie bei der orthographischen und stereographischen Konstruktion.

Eigenschaften: Das Netz ist nach Konstruktion flächentreu, daher aber — wiederum mit Ausnahme des Polbereiches — nicht winkeltreu. Weder die Parallelkreise noch die Meridiane, deren Bögen sich zum Äquator hin verkürzen, sind längentreu. Das Netz ist rechtschnittig und eignet sich für die Darstellung einer Erdhalbkugel. Eine Darstellung darüber hinaus ist möglich, aber wegen der meridionalen Pressung der Breitenzonen nicht empfehlenswert. Auf Grund der Flächentreue sowie der relativ guten Wahrung der Formverhältnisse in höheren und auch in mittleren Breiten ist das Netz für die Geographie wichtig.

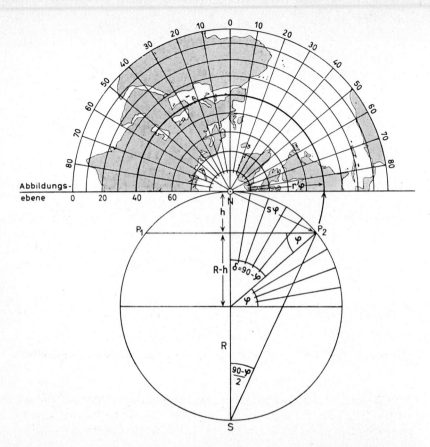

Abb. 28: *Gradnetz der flächentreuen Konstruktion auf der erdachsigen Ebene (nach* LAMBERT*)*

Äquidistante oder mittabstandstreue Konstruktion auf der erdachsigen Ebene

Grundgedanke: Die Meridiane werden um N auf der Ebene abgewickelt und die Parallelkreise als konzentrische Kreise mit dem Halbmesser $r_\varphi' = m_{90°-\varphi} = R \cdot \text{arc}\,(90° - \varphi) = R \cdot \text{arc}\,\delta$ dargestellt.

Durchführung: Wie bei den vier letztgenannten Konstruktionen.

Eigenschaften: Sämtliche Parallelkreise sind gedehnt, alle Meridiane und ihre Bögen längentreu. Das Netz ist rechtschnittig, jedoch weder flächen- noch

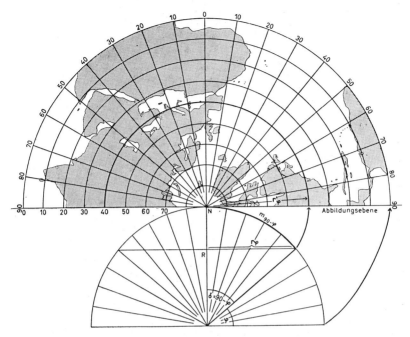

Abb. 29: *Gradnetz nach der äquidistanten Konstruktion auf der erdachsigen Ebene*

(bis auf den Pol) winkeltreu. Es bietet die Möglichkeit, die ganze Erdkugel darzustellen. Über den Äquator hinaus werden jedoch die Verzerrungen so groß, daß es zweckmäßig ist, sich auf eine Halbkugel zu beschränken.

Äquidistante oder mittabstandstreue Konstruktion auf der schief- und querachsigen Ebene

Grundgedanke: Die Abbildungsebene tangiert die Erdkugel in einem beliebigen Punkte A. Um die Konstruktion in der bisher beschriebenen Weise vornehmen zu können, muß diesem Berührungspunkt ein Hilfsgradnetz mit Hilfsmeridianen und Hilfsparallelkreisen zugeordnet werden. Durch sie sind alle Netzpunkte des geographischen Gradnetzes aufspür- und darstellbar; es ist nur notwendig, dessen Netzpunkte durch Schnitt mit den Hilfslinien in ihrer Lage zu diesen zu bestimmen. In Abb. 30 sei B ein solcher Netzpunkt.

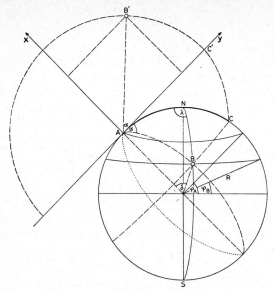

Abb. 30: *Äquidistante oder mittabstandstreue Gradnetzkonstruktion auf der schiefachsigen Ebene*

Er läßt sich im Hilfsgradnetz durch zwei Bestimmungsgrößen festlegen:

a) durch die sphärische Entfernung AB bzw. durch ihren Winkel δ;

b) durch das Hilfsazimut $NAB = \alpha$, das sich aus dem Winkel ergibt, den der Großkreis AB mit dem Meridianbogen ANC bildet, der sich nach der Übertragung auf die Ebene als gerade Linie darstellt.

Beide Größen können durch Längen und Breiten des geographischen Gradnetzes folgendermaßen ermittelt werden: Nach dem sphärischen Kosinussatz ist

Abb. 31a + b: *Gradnetz nach der äquidistanten oder mittabstandstreuen Konstruktion auf der schief- (a) und querachsigen (b) Ebene*

a)

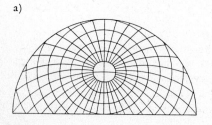

b)

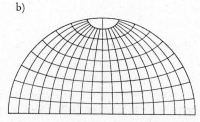

$$\cos \delta = \sin \varphi_A \cdot \sin \varphi_B + \cos \varphi_A \cdot \cos \varphi_B \cdot \cos \lambda \quad \text{und} \quad \sin \alpha = \frac{\sin \lambda \cdot \cos \varphi_B}{\sin \delta}.$$

In diesen Gleichungen bedeuten φ_A die geographische Breite, in der die Abbildungsebene angelegt ist, φ_B die geographische Breite, in welcher sich der abzubildende Netzpunkt B befindet und λ die geographische Länge des Punktes B gegen den Meridian ANC, der sich nach der Übertragung auf die Ebene als Gerade abbildet. Nachdem δ und α bekannt sind, kann das für diese Konstruktion gültige Halbmessergesetz (vgl. S. 68, äquidistante Konstruktion auf der erdachsigen Ebene) Anwendung finden. Aus dieser allgemeinen Überlegung ergibt sich die Konstruktion auf der erdachsigen Ebene als ein Sonderfall. Bei ihm wird wegen $\varphi_A = 90°$ $\cos \delta = \sin \varphi_B = \cos (90° - \varphi_B)$; d. h. $\delta = 90° - \varphi_B$ und entsprechend $\sin \alpha = \sin \lambda$; d. h. $\alpha = \lambda$. Das Halbmessergesetz lautet also dann $r' = R \cdot \text{arc}\,(90° - \varphi_B)$ (vgl. S. 68). Ebenfalls ein Sonderfall dieser Konstruktion ist die auf der querachsigen Ebene, bei der $\varphi_A = 0$ ist. Die Formeln der beiden Bestimmungsgrößen lauten dann: $\cos \delta = \cos \varphi_B \cdot \cos \lambda$; $\cos \alpha = \dfrac{\sin \varphi_B}{\sin \delta}$.

Durchführung: Mit r' werden um A konzentrische Kreise geschlagen, auf denen die gesuchten Punkte B des geographischen Gradnetzes jeweils unter den verschiedenen Richtungswinkeln α gefunden werden können. Da auf einem solchen Hilfsparallelkreis jedoch die Netzpunkte der verschiedensten geographischen Breiten liegen und damit die Zuordnung der Punkte schwierig wird, empfiehlt sich ein anderes Verfahren, das zudem den Vorteil bietet, daß alle die Hilfsmeridiane und Hilfsparallelkreise nicht gezeichnet zu werden brauchen und die Konstruktion damit übersichtlicher wird. Dieses Verfahren ersetzt einfach die Polarkoordinaten r' und α durch die rechtwinkligen Koordinaten x und y, die sich aus jenen herleiten lassen (abgebildeter Mittelmeridian als y-Achse): $x = r' \cdot \sin \alpha = R \cdot \text{arc}\,\delta \cdot \sin \alpha$; $y = r' \cdot \cos \alpha = R \cdot \text{arc}\,\delta \cdot \cos \alpha$. Mit ihnen werden zunächst alle Netzpunkte jeweils nur eines Parallelkreises fixiert, indem bei der Berechnung von δ und α die Breite φ_B konstant gehalten und allein die Länge λ jeweils von 10° zu 10° verändert wird. Die so gefundenen Punkte werden durch Kurvenzüge miteinander verbunden, die die abgebildeten Meridiane und Parallelkreise darstellen.

Eigenschaften: Die Meridiane bilden sich als Kreisbögen, die Parallelkreise als Ellipsen ab. Beide sind — mit Ausnahme des Mittelmeridians — nicht längentreu; längentreu wären die Hilfsmeridiane, d. h. die Großkreise, die vom Kartenmittelpunkt als gradliniges Strahlenbündel über die Karte laufen würden. Mit anderen Worten, alle Entfernungen vom Kartenmittelpunkt aus gemessen sind längentreu. Die Äquidistanz der Parallelkreise entlang den einzelnen Meridianen ist gewahrt. Wie die erdachsige Abbildung, so ist auch dieses Netz weder flächen- noch winkeltreu (der Kartenmittelpunkt ausgenommen).

Flächentreue Konstruktion auf der schief- und querachsigen Ebene nach LAMBERT

Grundgedanke: Die gleichen Überlegungen, wie sie bei der vorhergehenden Konstruktion angestellt wurden, führen über das hier anzuwendende Halbmessergesetz (vgl. S. 68) $r' = 2R \cdot \sin \dfrac{\delta}{2}$ zum gleichen Verfahren.

Durchführung: mit den Koordinaten $x = 2R \cdot \sin \dfrac{\delta}{2} \cdot \sin \alpha$; $y = 2R \cdot \sin \dfrac{\delta}{2} \cdot \cos \alpha$.

a)   b)

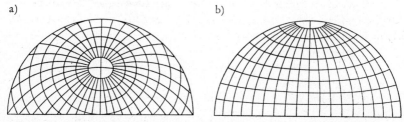

Abb. 32a + b: *Gradnetz nach der flächentreuen Konstruktion auf der schief- (a) und querachsigen (b) Ebene*

Eigenschaften: Die Karte ist flächentreu, jedoch nicht winkeltreu (Ausnahme: Kartenmittelpunkt). Die Meridiane sind Kreisbögen, die Parallelkreise Ellipsen, beide sind nicht längentreu. Über die Eignung gilt Entsprechendes wie bei der flächentreuen Konstruktion auf der erdachsigen Ebene nach LAMBERT (vgl. S. 67).

Konstruktionen auf der querachsigen Ebene nach AITOFF *und* HAMMER

Grundgedanke: Die Konstruktionen werden abgeleitet von der besprochenen querachsigen mittabstandstreuen (AITOFF) bzw. der querachsigen flächentreuen Konstruktion nach LAMBERT (HAMMER). Die Modifikation besteht

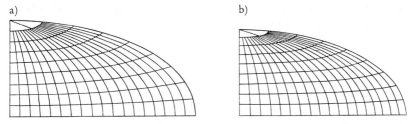

Abb. 33a + b: *Gradnetz nach den Konstruktionen von* Aitoff *(a) und* Hammer *(b) auf der querachsigen Ebene*

in einer Zusammenziehung des Netzes auf der Kugel und einer diese wieder kompensierenden Dehnung in der Ebene. Das Gradnetz der ganzen Kugeloberfläche wird zunächst auf einer Halbkugel zusammengezogen, auf der querachsig angelegten Ebene abgebildet und durch Umbezifferung der Meridiane gedehnt.

Durchführung: Die aus den genannten Konstruktionen hier anzuwendenden Abbildungsgleichungen lauten unter Berücksichtigung der Dehnung in der Ebene durch Verdoppelung der x-Koordinaten:

$x = 2R \cdot \text{arc } \delta \cdot \sin \alpha$ $\qquad$ $x = 4R \cdot \sin \dfrac{\delta}{2} \cdot \cos \alpha$
$\qquad$ (für Aitoff); $\qquad\qquad\qquad\qquad$ (für Hammer).
$y = R \cdot \text{arc } \delta \cdot \cos \alpha$ $\qquad$ $y = 2R \cdot \sin \dfrac{\delta}{2} \cdot \sin \alpha$

Die Berechnung der Werte für δ und α erfolgt nach den Formeln (vgl. S. 71):

$$\cos \delta = \cos \varphi_B \cdot \cos \lambda \quad \text{und} \quad \cos \alpha = \frac{\sin \varphi_B}{\sin \delta}.$$

Eigenschaften: Der Äquator bildet sich als Gerade ab, der Pol als Punkt. Die Parallelkreise weisen mit dem Pol als Mittelpunkt leichte Krümmungen auf, die Meridiane sind Ellipsen. In dieser äußeren Form ähnelt die Gradnetzabbildung der von Mollweide (vgl. flächentreue erdachsige Konstruktion nach Mollweide, S. 83) und ist wie diese als formtreu anzusprechen. Sie eignet sich deshalb besonders für Globaldarstellungen, wobei die Konstruktion von Hammer außerdem den Vorzug hat, wie der Ausgangsentwurf von Lambert flächentreu zu sein, während die Mittabstandstreue in der Aitoffschen Abbildung mit der Modifikation verlorengeht. Die Winkelverzerrungen allerdings sind besonders an den Rändern recht groß, auch die Azimutalität geht verloren, weswegen beide Netzabbildungen nicht mehr als azimutale angesprochen werden können. Sie werden meist als vermittelnde oder abgeleitete Entwürfe bezeichnet.

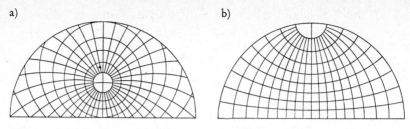

Abb. 34a + b: *Gradnetz nach der stereographischen Konstruktion auf der schief- (a) und querachsigen (b) Ebene*

Stereographische Konstruktion auf der schief- und querachsigen Ebene

Grundgedanke: Auch hier führen die gleichen Überlegungen wie bei den äquidistanten und flächentreuen Konstruktionen auf der schief- und querachsigen Ebene über das hier gültige Halbmessergesetz $r_\varphi' = 2\,R \cdot \text{tg}\,\dfrac{\delta}{2}$ (vgl. S. 66) zur gleichen Durchführung mit den Koordinaten $x = 2\,R \cdot \text{tg}\,\dfrac{\delta}{2} \cdot \sin \alpha$; $y = 2\,R \cdot \text{tg}\,\dfrac{\delta}{2} \cdot \cos \alpha$.

Eigenschaften: Die Karte ist nicht flächentreu, dafür aber winkeltreu. Infolgedessen bilden sich — wie bei der erdachsigen Konstruktion erläutert (vgl. S. 66/67) — sämtliche Kugelkreise als Kreise ab. Die Meridiane und Parallelkreise sind also wiederum Kreise, sie sind jedoch nicht längentreu. Das Netz findet insbesondere Verwendung für die astronomische Ortsbestimmung, sowie für die Darstellung der Land- und der Wasserhalbkugel der Erde.

Flächentreue Konstruktion auf dem erdachsigen Berührungszylinder nach LAMBERT

Grundgedanke: Das Gradnetz soll von der Erdachse aus durch Parallelprojektion auf einem die Erdkugel im Äquator berührenden Zylindermantel abgebildet werden. Auf dem zur Ebene ausgerollten Zylindermantel erscheinen die Meridiane dann als vertikale und die Parallelkreise als horizontale parallele Geraden. Durch folgende Konstruktionselemente, die sich aus der Projektion ergeben, ist das rechteckige Gradnetz bestimmt: $p_\varphi' = 2\pi \cdot R$ (Berührungsparallelkreis Äquator); $m_\varphi' = R \cdot \sin \varphi$ (Breitenteilungsgesetz).

Durchführung: Es wird zunächst der Äquator als reale Linie von der Länge p_φ' gezeichnet, dazu parallel werden im Abstand m_φ' die einzelnen Parallelkreise ausgezogen. Nach Einteilung des Äquators in 36 gleiche Abschnitte lassen sich die Meridiane als von 10° zu 10° gleichabständige, senkrechte, gerade Linien eintragen.

Eigenschaften: Längentreu ist nur der Äquator als Berührungsparallelkreis, alle anderen Parallelkreise sind gedehnt; der Pol wird zur Pollinie und hat die Länge des Äquators. Alle Meridiane sind verkürzt. Die Karte ist nicht winkeltreu, aber flächentreu, denn die Oberfläche jeder Kugelzone $2\pi \cdot R \cdot h$ ist der entsprechenden Rechteckfläche in der Abbildung mit $2\pi \cdot R \cdot m_\varphi'$ gleich, weil nach Konstruktion $m_\varphi' = h$ ist. In dieser Karte wird die Flächentreue mit dem Verlust der Formtreue, besonders in höheren Breiten, erkauft, so daß sie sich vom geographischen Standpunkt wenig für die Darstellung dieser Breiten eignet.

Abb. 35: *Gradnetz nach der flächentreuen Konstruktion auf dem Berührungszylinder (nach* LAMBERT*)*

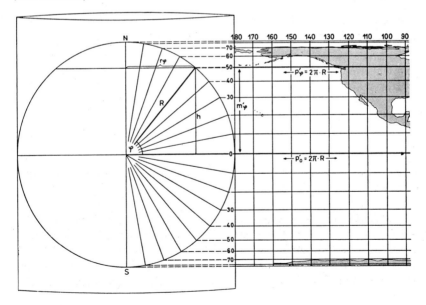

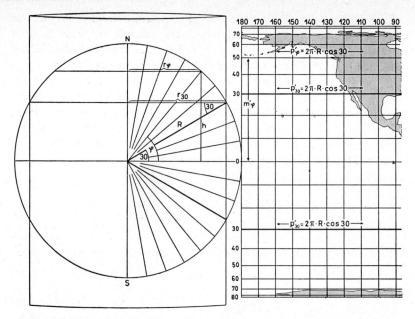

Abb. 36: *Gradnetz nach der flächentreuen Konstruktion auf dem erdachsigen Schnittzylinder (nach* BEHRMANN)

Flächentreue Konstruktion auf dem erdachsigen Schnittzylinder nach BEHRMANN

Grundgedanke: Der Berührungszylinder wird zum Schnittzylinder, und zwar schreibt BEHRMANN den Schnitt in 30° nördlicher und südlicher Breite vor, weil dann — wie er mit Hilfe der Indikatrix nachweist — die Winkelverzerrungen am kleinsten sind. Die Länge der ausgerollten, untereinander parallelen und geradlinigen Parallelkreise wird durch den Umfang des Schnittparallelkreises bestimmt. Die Länge der Meridiane bzw. die Abstände der Parallelkreise vom Äquator (Breitenteilungsgesetz) leiten sich von der Forderung ab, daß die Gradnetzabbildung flächentreu sein soll, daß also das Rechteck $m_\varphi' \cdot p_\varphi'$ flächengleich sein soll der Kugelzonenoberfläche $2\pi \cdot R \cdot h$. Aus $m_\varphi' \cdot p_\varphi' = 2\pi \cdot R \cdot h$ folgt $m_\varphi' \cdot 2\pi \cdot R \cdot \cos 30° = 2\pi \cdot R \cdot R \cdot \sin \varphi$ oder $m_\varphi' = \dfrac{R \cdot \sin \varphi}{\cos 30°}$, [Breitenteilungsgesetz].

Durchführung: Der Äquator und alle Parallelkreise werden als parallele Geraden von der Länge p_φ' und jeweils im Abstand m_φ' vom Äquator gezeichnet. Die Meridiane von 10° zu 10° ergeben sich durch die Teilung des Äquators in 36 gleiche Abschnitte als parallele senkrechte Geraden.

Eigenschaften: Mit Ausnahme der beiden Schnittparallelkreise sind die Parallelkreise höherer Breiten gedehnt, die niederen Breiten sowie alle Meridiane verkürzt. Der Pol wird zur Pollinie von der Länge der Schnittkreise; deshalb sind auch hier die Formverzerrungen in höheren Breiten am größten, jedoch der Lambertschen Konstruktion gegenüber gemildert. Die Karte ist flächentreu, aber nicht winkeltreu.

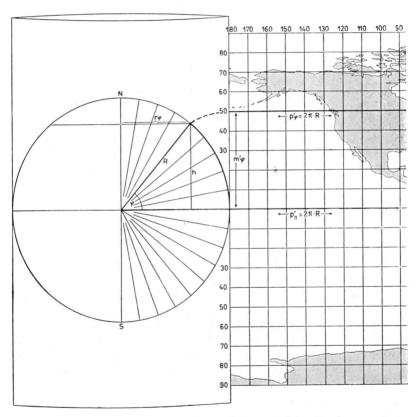

Abb. 37: *Gradnetz nach der Konstruktion auf dem erdachsigen Berührungszylinder (Quadratische Plattkarte)*

Konstruktion auf dem erdachsigen Berührungszylinder (Quadratische Plattkarte)

Grundgedanke: Wenn der Zylindermantel wie bei der flächentreuen Konstruktion auf dem erdachsigen Berührungszylinder die Erdkugel im Äquator berührt, das Gradnetz aber nicht projiziert, sondern auf der Innenseite des Mantels abgewickelt wird, entsteht die Quadratische Plattkarte mit den Konstruktionselementen $p_\varphi' = 2\pi \cdot R$; $m_\varphi' = R \cdot \text{arc }\varphi$ [Breitenteilungsgesetz].

Durchführung: Äquator und alle Parallelkreise werden im Abstand von 10° zu 10° als horizontale parallele Geraden von der Länge p_φ' und einem Äquatorabstand $m_\varphi' = R \cdot \text{arc }\varphi$ bzw. dem gegenseitigen Abstand $\dfrac{2\pi \cdot R}{36}$ gezeichnet. Senkrecht dazu ergeben sich von 10° zu 10° die geradlinigen Meridiane durch Einteilung des Äquators in 36 gleiche Abschnitte von der Länge $p_{10°}' = \dfrac{2\pi \cdot R}{36}$.

Eigenschaften: Der Äquator und alle Meridiane sind längentreu, die Parallelkreise dagegen gedehnt. Der Pol ist zur Äquatorlänge ausgezogen. Die Gradfelder sind Quadrate und rechtschnittig. Die Karte ist weder flächen- noch winkeltreu und eignet sich nur für die Abbildung niederer Breiten.

Winkeltreue Konstruktion auf dem Berührungszylinder nach MERCATOR

Grundgedanke: Aus dem Gradnetz der quadratischen Plattkarte ergibt sich das Gradnetz der Mercator-Karte dadurch, daß die Meridianbögen bzw. die Abstände der Parallelkreise vom Äquator nicht längentreu bzw. gleichabständig dargestellt werden, sondern daß sie im gleichen Verhältnis anwachsen, wie die Parallelkreise durch die Konstruktion gedehnt werden. Durch eine solche Erhaltung des auf der Kugel wirklich vorhandenen Längenverhältnisses von Meridianbögen zu Parallelkreisbögen bis in die kleinsten Teile der Karte wird Winkeltreue erreicht. Die entsprechenden Konstruktionselemente sind $p_\varphi' = 2\pi \cdot R$; $m_\varphi' = R \cdot 2{,}30259 \cdot \log \text{tg}\left(45° + \dfrac{\varphi}{2}\right)$. Diese letzte Gleichung ergibt sich aus folgender Überlegung (vgl. Abb. 38a): A B C E sei ein Gradfeld der Quadratischen Plattkarte und AB beispielsweise ein Bogenstück p_0 des Äquators, das in der Karte in seiner wahren Länge als p'

dargestellt ist. ED sei ein beliebiger Parallelkreisbogen p in der Breite φ, dessen wirkliche Länge $p = p_0 \cdot \cos \varphi$ ist. In der Karte wird dieser Bogen bis auf die Länge p' gedehnt. Das Dehnungsverhältnis ist $\dfrac{p'}{p} = \dfrac{1}{\cos \varphi}$; d. h. $p' = p \cdot \dfrac{1}{\cos \varphi}$. Wenn nunmehr die geradlinige Verbindung AD über D hinaus bis zum Schnitt mit dem Meridian in F verlängert wird, so entspricht die Meridiandehnung $\dfrac{m'}{m} = \dfrac{1}{\cos \varphi}$ dem gleichen Verhältnis, denn in dem Dreieck ABF besteht die Proportion $\dfrac{FC}{FB} = \dfrac{DC}{AB}$ oder $\dfrac{m' - m}{m'} = \dfrac{p' - p}{p'}$ bzw. $\dfrac{m'}{m} = \dfrac{p'}{p} = \dfrac{1}{\cos \varphi}$ und $m' = m \cdot \dfrac{1}{\cos \varphi}$. Damit ist die weiter oben gestellte Forderung nach Dehnung der Meridiane im gleichen Verhältnis wie die Parallelkreise erfüllt. Und diese Dehnung würde bedeuten, daß der Parallelkreis der winkeltreuen Konstruktion nicht wie in der Quadratischen

Abb. 38a: *Schrittweises Auffinden der Parallelkreisabstände bei der winkeltreuen Gradnetzkonstruktion auf dem erdachsigen Berührungszylinder (nach* MERCATOR*)*

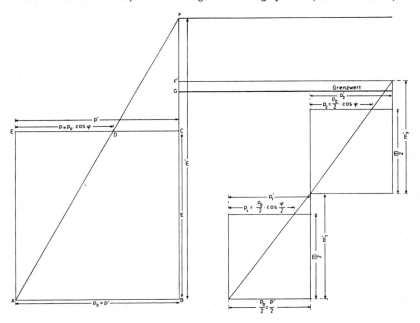

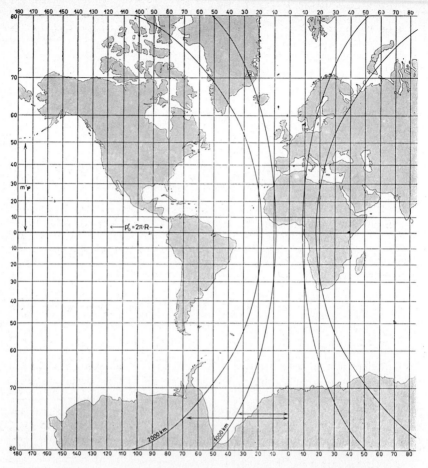

Abb. 38b: *Gradnetz nach der winkeltreuen Konstruktion auf dem erdachsigen Berührungszylinder (nach* MERCATOR*)*

Plattkarte bei C, sondern erst bei F einzuzeichnen ist. In Wirklichkeit muß er jedoch bei G eingetragen werden.

Erfolgt nämlich die Auffindung des Parallelkreisabstandes m' nicht in einem Schritt, sondern in zwei Schritten, d. h. also mit Hilfe von beispielsweise nur viertel so großen Gradfeldern (der Übersichtlichkeit wegen in Abb. 38a rechts herausgezeichnet), so kommt der Parallelkreis etwas unterhalb von F bei F' zu liegen, er rutscht gleichsam etwas herunter, denn es ist $m_1' + m_2' = \dfrac{m}{2} \cdot \dfrac{1}{\cos\dfrac{\varphi}{2}} + \dfrac{m}{2} \cdot \dfrac{1}{\cos\varphi} = \dfrac{m}{2} \cdot \left(\dfrac{1}{\cos\dfrac{\varphi}{2}} + \dfrac{1}{\cos\varphi} \right);$

andererseits ist $m' = m \cdot \dfrac{1}{\cos\varphi} = \dfrac{2m}{2} \cdot \dfrac{1}{\cos\varphi}$. Danach muß $m_1' + m_2' < m'$ sein, denn eingesetzt ist $\dfrac{m}{2} \cdot \left(\dfrac{1}{\cos\dfrac{\varphi}{2}} + \dfrac{1}{\cos\varphi} \right) < \dfrac{2m}{2} \cdot \dfrac{1}{\cos\varphi}$ bzw.

$\dfrac{1}{\cos\dfrac{\varphi}{2}} + \dfrac{1}{\cos\varphi} < \dfrac{2}{\cos\varphi} = \dfrac{1}{\cos\varphi} + \dfrac{1}{\cos\varphi}$ oder $\dfrac{1}{\cos\dfrac{\varphi}{2}} < \dfrac{1}{\cos\varphi}$. Damit ist gezeigt, daß der zu findende Parallelkreisabstand m' immer kleiner wird und mit wachsender Zahl der Konstruktions-Schritte einem Grenzwert zustrebt. Dieser kann nur durch Summierung vieler kleiner $dm' = dm \cdot \dfrac{1}{\cos\varphi}$ gefunden werden. Da $dm = R \cdot d\varphi$ ist, ergibt sich die Gleichung

$$m_\varphi' = R \int_0^\varphi \dfrac{1}{\cos\varphi} d\varphi = R \cdot \ln \mathrm{tg}\left(45° + \dfrac{\varphi}{2}\right)$$ und durch Umwandlung in den dekadischen Logarithmus $m_\varphi' = R \cdot 2{,}30259 \cdot \log \mathrm{tg}\left(45° + \dfrac{\varphi}{2}\right)$.

Durchführung: Der Äquator wird in der Länge von $p_0' = 2\pi \cdot R$ gezeichnet und in 36 Abschnitte geteilt. Durch sie sind die parallelen gradlinigen Meridiane bestimmt. Nach Anwendung der Formel für m_φ' sind die Parallelkreise einzutragen, die sich als horizontale parallele Geraden abbilden. Zusätzlich können die 1000 und 2000 km Abstandskurven vom Mittelmeridian eingetragen werden, damit der äquatoriale Maßstab auch für höhere Breiten anwendbar ist.

Eigenschaften: Längentreu ist nur der Äquator. Alle Parallelkreise sind gedehnt, ebenso im gleichen Verhältnis alle Meridiane. Die Meridianbögen bzw. die Abstände der Parallelkreise vom Äquator nehmen mit wachsender Breite stark zu, der Pol ist wegen $\mathrm{tg}\left(45° + \dfrac{90°}{2}\right) = \mathrm{tg}\,90° = \infty$ nicht darstellbar. Infolgedessen werden die Form- und Flächenverzerrungen bereits in mittleren Breiten so groß, daß das Gradnetz für geographische Zwecke unvorteilhaft ist. In der Nautik dagegen hatte es einige Bedeutung erlangt, weil es rechtschnittig sowie winkeltreu ist und die Kurslinie oder Loxodrome (vgl. S. 44) sich als gerade Linie abbildet. Aus dem gleichen Grunde wird das

Netz heute für die Darstellung der Wetteranalysen durch Essa- und Nimbus-Satelliten im nahezu verzerrungsfreien Äquatorialbereich bevorzugt. Da lediglich der Äquator längentreu abgebildet wird, ist ein in der Karte angegebener Maßstab nur auf diesen anwendbar. Es läßt sich jedoch der Anwendungsbereich erweitern (vgl. S. 53), sofern der Maßstab nicht konstant, sondern mit der wachsenden Breite variabel gehalten wird (Maßstab der wachsenden Breiten). Für den längentreu abgebildeten Äquator gilt die Maßstabsgleichung $\frac{B}{N} = \frac{1}{M}$. B bleibt für alle Parallelkreise unveränderlich, denn alle Parallelkreise sind gleich lang abgebildet. Die natürlichen Längen der Parallelkreise aber werden mit wachsender B.ite um $\cos \varphi$ (vgl. S. 41) kleiner, d. h. es ist $N_\varphi = N \cdot \cos \varphi$ oder $N = \frac{N_\varphi}{\cos \varphi}$. Daraus ergibt sich nach Einsetzen des Wertes von N in obige Gleichung der mit der Breite wachsende Maßstab zu $\frac{B}{N_\varphi} = \frac{1}{M \cdot \cos \varphi}$.

Die Gleichung wird gewöhnlich nicht als solche angegeben, sondern in eine Schar von Kurven umgesetzt, die nichts anderes sind als Verbindungslinien sich entsprechender Punkte auf kontinuierlich aneinandergefügten Maßstabsleisten für alle Breiten.

Abb. 39: *Gradnetz nach der sinuslinigen Konstruktion auf dem erdachsigen Berührungszylinder (nach* MERCATOR-SANSON)

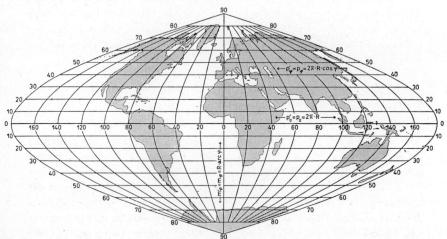

Flächentreue oder sinuslinige Konstruktion auf dem erdachsigen Berührungszylinder nach MERCATOR-SANSON

Grundgedanke: Der Zylinder berührt die Erdkugel im Äquator, der längentreu dargestellt ist. Außerdem wird auch der Mittelmeridian als Abwicklungsspur am Zylindermantel längentreu abgebildet. Damit sind die Parallelkreise untereinander gleichabständig. Längentreu sind weiterhin die Parallelkreise selbst, ein Umstand, der sich nun nicht mehr aus der Abbildung am Zylindermantel ergibt, sondern der — aus Zweckmäßigkeitsgründen vorgenommen — rein konstruktiv ist. Mithin sind zwei Konstruktionselemente gegeben: $p_\varphi' = p_\varphi = 2\pi \cdot R \cdot \cos\varphi$ und m_φ' (für den Mittelmeridian) $= R \cdot \text{arc } \varphi$, [Breitenteilungsgesetz].

Durchführung: Zunächst wird der Äquator in der Länge von $p_0' = 2\pi \cdot R$ gezeichnet und senkrecht dazu der Mittelmeridian in seiner wahren Länge von $m'_{90°} = R \cdot \text{arc } 90° = \dfrac{\pi \cdot R}{2}$ oberhalb und unterhalb des Äquators. Nach der Einteilung des Mittelmeridians in 18 gleiche Abschnitte werden die Parallelkreise als parallele Geraden in einer Länge von jeweils $p_\varphi' = 2\pi \cdot R \cdot \cos\varphi$ eingetragen. Alle Parallelkreise werden sodann in je 36 gleich große Teile zerlegt und die entsprechenden Teilungspunkte miteinander verbunden. Diese Verbindungslinien sind die Meridiane.

Eigenschaften: Mittelmeridian und sämtliche Parallelkreise sind längentreu, so daß auch die Pole sich als Punkte darstellen. Die Rechtschnittigkeit und das rechteckige Gradnetz — das Kennzeichen aller sogenannten „echten Zylinderentwürfe" — sind zu Gunsten dieser Längentreue aufgegeben (Ausnahme Äquator und Mittelmeridian); die Meridiane sind Sinuslinien. Die Karte ist nicht winkeltreu, aber flächentreu, denn die Gradfelder auf der Kugel und in der Karte haben gleiche Grundlinien und Abstände.

Flächentreue erdachsige Konstruktion nach MOLLWEIDE

Grundgedanke: Obwohl diese Konstruktion zu den sogenannten „unechten Zylinderentwürfen" zählt, hat sie mit einer Zylinderabbildung nur noch das gemein, daß die Parallelkreise als parallele Geraden dargestellt werden. Im übrigen aber ist sie eine reine Konstruktion. Zu Grunde gelegt ist die Bedingung, daß die Oberfläche einer Erdhalbkugel, deren Begrenzungskreis durch die beiden Pole geht, einer entsprechenden Kreisfläche in der Karte inhaltsgleich sein soll. Also $2\pi \cdot R^2 = r^2 \cdot \pi$. Daraus bestimmt sich die

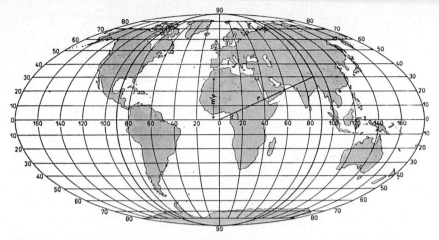

Abb. 40: *Gradnetz nach* MOLLWEIDES *flächentreuer erdachsiger Konstruktion*

Kartenkreisfläche durch $r = R \cdot \sqrt{2}$. Ebenfalls aus der Flächengleichheit von Kugelzonen und Kreisflächenstreifen ergeben sich die Abstände der Parallelkreise vom Äquator als das Breitenteilungsgesetz $m_\varphi' = r \cdot \sin \alpha = R \sqrt{2} \cdot \sin \alpha$. Die unbekannte Größe α ist eine Funktion von φ, und zwar ist, wie sich aus der Bedingung der Flächentreue ergibt und aus Abb. 40 ableiten läßt, $2 \operatorname{arc} \alpha + \sin 2\alpha = \pi \cdot \sin \varphi$. Die Lösung dieser Gleichung ist nur durch ein Näherungsverfahren möglich, weshalb hier ausnahmsweise die numerischen Werte für m' angegeben seien:

φ:	0°	10°	20°	30°	**40°**	50°	60°	70°	80°	90°
m':	0	1232	2450	3639	4783	5865	6866	7764	8517	9008 km

Durchführung: Es wird ein Kreis mit dem Radius $r = R \cdot \sqrt{2}$ geschlagen, dessen horizontaler Durchmesser den halben, nicht längentreu abgebildeten Äquator und dessen vertikaler Durchmesser den Mittelmeridian darstellt, der seinerseits die beiden Pole N und S bestimmt. Mit Hilfe des Breitenteilungsgesetzes bzw. der oben angegebenen numerischen Werte werden die Parallelkreisabschnitte als parallele Geraden eingetragen. Sodann werden alle Parallelkreise nach beiden Seiten über den Kreis hinaus um das Doppelte verlängert, der Äquator also um r, die Pole um 0 usw. — und jeweils bei 10°-Einteilung in 36 gleich lange Abschnitte eingeteilt. Die Verbindungslinien der Teilpunkte ergeben die Meridiane.

Eigenschaften: Wie bei der flächentreuen Konstruktion nach MERCATOR-SANSON ist die Rechtschnittigkeit nur am Äquator und am Mittelmeridian er-

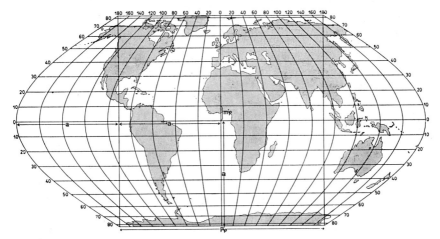

Abb. 41: *Gradnetz nach* ECKERTS *flächentreuer erdachsiger Sinuslinienkonstruktion*

halten. Längentreu abgebildet erweisen sich bei einem Deckungsvergleich dieses Gradnetzes mit dem von MERCATOR-SANSON nur zwei Parallelkreise in etwa 42° nördlicher und südlicher Breite sowie zwei Meridiane in etwa 29° östlich und westlich des Mittelmeridians. Die Meridiane sind Ellipsen. Die Karte ist nicht winkeltreu, aber flächentreu, denn die Flächentreue ist Konstruktionsbedingung. Auch durch die Verdoppelung der Parallelkreise ändert sich an der Flächentreue nichts, denn auch die ganze Erdoberfläche ist der entsprechenden Ellipsenfläche in der Karte inhaltsgleich: $4\pi \cdot R^2 = 2 \cdot r \cdot r \cdot \pi = 4\pi \cdot R^2$. Infolge der Flächentreue und der nicht allzu großen Formverzerrungen ist das Gradnetz für Globaldarstellungen gut geeignet.

Flächentreue erdachsige Sinuslinienkonstruktion nach ECKERT

Grundgedanke: Die Abbildung entsteht dadurch, daß die sinuslinige Konstruktion von MERCATOR-SANSON (vgl. S. 83) sozusagen im Mittelmeridian an den Polen aufgeschnitten und dort um jeweils eine halbe Äquatorlänge nach beiden Seiten auseinandergerückt wird, so daß die Pole zu Pollinien werden. Der Verschiebungsbetrag sei beiderseitig a, und es sei für die neue Konstruktion festgesetzt, daß die Äquatorlänge $p_0' = 4a$ ist. Damit setzt sich das Gradnetz in der Mitte aus vier Quadraten mit der jeweiligen Seitenlänge a und zwei von Sinuslinien begrenzten seitlichen Ansatzteilen zusammen. Aus der Bedingung der Flächentreue kann a bestimmt werden. Die Kugeloberfläche

$4\pi \cdot R^2$ soll der Kartenfläche $4a^2 + 2F$ inhaltsgleich sein, wobei unter F jeweils die Fläche des Ansatzteiles, also die volle Fläche unter der Sinuskurve verstanden wird. F errechnet sich zu $\dfrac{4a^2}{\pi}$, so daß $4a^2 + 2 \cdot \dfrac{4a^2}{\pi} = 4\pi \cdot R^2$ ist; daraus folgt $a = \pi \cdot R \cdot \sqrt{\dfrac{1}{\pi+2}} = 1{,}386 \cdot R$. Ebenfalls aus der Bedingung der Flächentreue ergibt sich — in dieser Form in Abweichung von MERCATOR-SANSON — das Breitenteilungsgesetz, also die Beziehung zwischen m_φ', R und φ. Es ist $\sin \varphi = \dfrac{a \cdot m_\varphi'}{\pi \cdot R^2} + \dfrac{a^2}{\pi^2 \cdot R^2} \cdot \sin \dfrac{\pi \cdot m_\varphi'}{2a}$, eine Gleichung, die wiederum nur mit Hilfe eines Näherungsverfahrens gelöst werden kann. Deshalb seien auch hier die numerischen Werte für m_φ' angegeben:

φ: 0° 10° 20° 30° 40° 50° 60° 70° 80° 90°
m_φ': 0 1267,6 2516,2 3751,9 4943,1 6089,7 7124,4 8007,1 8612,2 8828,8 km.

Neben a und m_φ' wird als drittes Konstruktionselement die Länge der Parallelkreise p_φ' gebraucht. Diese Länge errechnet sich aus der Form der sinusoidalen Begrenzungskreise zu

$$p_\varphi' = 2a + 2a \cdot \cos \dfrac{\pi}{2a} \cdot m_\varphi' = 2{,}762 \cdot R \left(1 + \cos 1{,}13 \cdot \dfrac{m_\varphi'}{R}\right).$$

Durchführung: Mit der Seitenlänge a wird ein Vierfachquadrat gezeichnet und die Äquatorlinie $2a$ nach beiden Seiten um a verlängert. Im Abstand m_φ' vom Äquator werden sodann die Parallelkreise als parallele Geraden eingetragen und ihre Länge von jeweils p_φ' bestimmt. Damit ergeben sich die beiden sinusoidalen Begrenzungslinien. Nach Einteilung sämtlicher Parallelkreise in je 36 gleiche Abschnitte werden die Meridiankurven von 10° zu 10° als Verbindungslinien der Teilpunkte gezeichnet.

Eigenschaften: Weder die Parallelkreise (mit einer Ausnahme, vgl. unten) noch die Meridiane sind längentreu. Der Äquator ist verkürzt, die Pole sind auf die halbe Äquatorlänge gedehnt und zu Pollinien geworden, der Mittelmeridian ist verkürzt, und die randlichen Meridiane sind gedehnt. Die Karte ist nach Konstruktion flächentreu, jedoch nicht winkeltreu. Sie verbindet aber mit der Flächentreue eine recht gute Formtreue. Die Rechtschnittigkeit ist zwar nur am Äquator und am Mittelmeridian vorhanden, aber die Schiefschnittigkeit ist wegen der Poldehnung in Grenzen gehalten, so daß die Formverzerrungen relativ gering sind und sich erst in den höchsten Breiten (Pollinie!) bemerkbar machen, dort also, wo die Gradnetztrapeze in nordsüdlicher Richtung zusammengedrückt erscheinen. Das Netz eignet sich gut für globale Darstellungen, wenngleich die beste Abbildung in der Zone von

40° bis 50° Breite in der Nachbarschaft des Mittelmeridians erzielt wird, denn in diesem Bereich muß ein ungerader Parallelkreis längentreu abgebildet sein, und die Gradnetztrapeze sind hier am formtreuesten, während sie im Äquatorbereich eine nordsüdliche Streckung erfahren.

Die Gradnetzabbildung in Karten großen Maßstabes

Der Grundgedanke der hier zu erörternden grundlegenden Konstruktionen ist der gleiche wie bei der abstandstreuen Konstruktion auf dem erdachsigen Berührungskegel (vgl. S. 56) mit der Einschränkung, daß nicht das Gradnetz einer ganzen Erdhälfte auf nur einem Kegel, sondern daß die einzelnen Parallelkreise sukzessiv als Berührungsparallelkreise auf jeweils immer neuen Kegelmänteln abgebildet werden, deren Spitzen sich in Verlängerung der Erdachse vom Pol bis ins Unendliche verlagern. Die Parallelkreise sind daher nicht konzentrisch angeordnet, und es kommt zwischen ihnen — je weiter vom angenommenen Mittelmeridian entfernt — zu immer größer werdenden Klaffungen. Wird dieses Verfahren infinitesimal durchgeführt, dann schließen sich die Meridiane beiderseits des Mittelmeridians zu stetigen, aber immer länger werdenden Kurven zusammen. Es ist deshalb einzusehen, daß sie zum Unterschied von sämtlichen Parallelkreisen und vom geradlinigen Mittelmeridian nicht längentreu abgebildet sein können. Eine solche Konstruktion wird als polykonische bezeichnet.

Mehrfach modifiziert, wird dieses Abbildungsverfahren der Netzkonstruktion der Internationalen Weltkarte (IWK) 1 : 1 Mill. zugrunde gelegt. Hierbei besteht die Aufgabe darin, nur relativ engbegrenzte Ausschnitte der Erdoberfläche ($\Delta \lambda = 6°$, $\Delta \varphi = 4°$) abzubilden. Das geschieht für jeden einzelnen Ausschnitt am vorteilhaftesten im Bereich des Mittelmeridians, weil dort die Verzerrungen am kleinsten sind. Nunmehr aber werden die Meridiankurvenstücke des jeweiligen Ausschnittes in der polykonischen Darstellung ersetzt durch ihre geradlinigen Sehnen (1. Modifikation), und nicht der Mittelmeridian, sondern seine beiden Nachbarn in ± 2°-Abstand werden längentreu gehalten (2. Modifikation), damit die Verzerrungen in den seitlichen Randbezirken der Einzelblätter tragbar bleiben. Die Längentreue bezieht sich allerdings nur auf jeweils den ganzen Meridian, nicht jedoch auch auf seine Teile. Sie ist also nur bedingt gegeben. Ebenso wird durch die Begradigung der Meridiankurven die längentreue Abbildung der Parallelkreise aufgehoben mit Ausnahme der beiden Begrenzungsparallelen, die allerdings gegenüber dem gewöhnlichen polykonischen Entwurf wegen der Verkürzung des Mittelmeridians (vgl. 2. Modifikation) in ihrer Lage um den Verkürzungsbetrag etwas zusammenrücken. Die Zwischenparallelen sind auch keine Kreisabschnitte mehr, sondern nur noch kreisähnliche Kurven, die sich aus einer 3. Modifikation herleiten. Sie besagt, daß alle Meridiane eines Kartenblattes in gleiche Teile geteilt werden, wonach dann jeder Zwischenparallelkreis sich als der geometrische Ort aller entsprechenden Teilungspunkte ergibt. Diese Teilungsanweisung ist durchaus nicht selbstverständlich, wenn — wie bei der IWK und allen Karten größerer Maßstäbe — die Bezugsfigur nun nicht mehr die Kugel, sondern das Ellipsoid[1] ist. Demzufolge müßten nämlich die Längen der Meridianbögen polwärts anwachsen (vgl. S. 27). Dieser Sachverhalt wird natürlich beachtet, jedoch erst in der meridionalen Abfolge von Kartenblatt zu Kartenblatt, nicht aber — aus zweckmäßigen und nicht nachteiligen Vereinfachungsgründen — innerhalb der zonalen Abfolge bzw. innerhalb eines Blattes selbst.

Neben der Abbildung auf Berührungskegeln ist auch eine solche auf einer Reihe von Schnittkegeln möglich. In diesem Falle werden jeweils zwei Parallelkreise als konzentrische Kreisbögen, die eine endliche Breitenzone einschließen, dargestellt. Auch sie berühren sich nur im Mittelmeridian und klaffen als Kreisringsektoren mit zunehmender ost-westlicher Entfernung vom Mittelmeridian auseinander. Aus diesem Grunde eignet sich dieses Abbildungsverfahren nicht für zusammenhängende Globaldarstellungen, sondern nur für enger begrenzte Einzelausschnitte der Erdoberfläche, die jeweils als in sich abgeschlossene Konstruktionseinheiten anzusehen sind. Das heißt, es ist ein Abbildungsverfahren für Karten großen Maßstabes, bei denen dann — insbesondere aufwärts ab dem Maßstab 1 : 300 000 — die Krümmungen der Parallelkreise so flach werden, daß sie ohne Nachteil vernachlässigt und durch gerade Linien (Sehnen der Bogenstücke) ersetzt werden können. Damit aber wird das polykonische zum Polyedernetz, weil nunmehr bei der Abwicklung der Gradnetztrapeze einer Breitenzone die leicht gekrümmten Parallelkreisbögen — wie als Folge der Abbildungsart die Meridianbögen auch — geradlinig ausgezogen werden; d. h. im Grunde genommen erfolgt die Abbildung jetzt nicht mehr auf Kegelmänteln, sondern auf den Seiten vielseitiger Pyramiden. Die sphärischen werden damit zu ebenen Gradnetztrapezen, und das Sphäroid wird von einem Vielflächner (Polyeder) umhüllt. Jedes Trapez umfaßt jeweils ein eigenes Kartenblatt, das somit zur Gattung der Gradabteilungskarten gehört, weil es rechts und links von nach Norden konvergierenden — hier geradlinig abgebildeten — Meridianbögen, sowie oben und unten von einander parallelen Parallelkreissehnen begrenzt wird. Die entsprechenden Längen- und Breitenziffern sind an den vier Ecken des

---

[1] Halbmesserwerte in Anlehnung an die 1880 von Clarke gefundenen: $a = 6378{,}24$ km, $b = 6356{,}56$ km; vgl. Tab. 3.

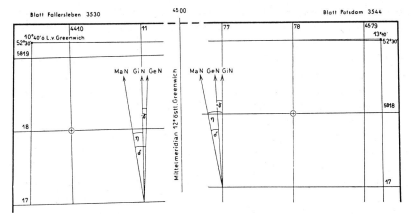

Abb. 42: *Eckteile korrespondierender Karten- und Kartenrahmen-Felder von zwei Meßtischblättern*

Blattausschnittes vermerkt (vgl. Abb. 42). Die amtlichen deutschen Kartenwerke waren — ausgenommen die Deutsche Grundkarte 1 : 5000 und die ältere Karte 1 : 100 000 mit rechtwinkligen Koordinatensystemen — sämtlich auf der sogenannten „Preußischen Polyederprojektion" beruhende und vom Bessel-Ellipsoid (vgl. Tab. 3) abgeleitete Gradabteilungskarten.

1923 wurde in der deutschen amtlichen Kartographie für die großmaßstäbigen Kartenwerke die in vieler Hinsicht bessere, von C. F. GAUSS angegebene und L. KRÜGER vervollständigte Meridianstreifenabbildung eingeführt. Sie ist vergleichbar mit der Netzkonstruktion auf einem querachsigen, das Erdellipsoid in einem Meridian berührenden Zylinder (vgl. S. 78) mit den Konstruktionsmerkmalen der Mercator-Abbildung. Damit ist die Abbildung winkeltreu; Längen und Flächen aber erleiden mit zunehmendem Abstand vom Berührungsmeridian immer stärkere Verzerrungen. Um diese in Grenzen zu halten, wird nur die Nachbarschaft des Berührungsmeridians (auch Hauptmeridian genannt) dargestellt, die in den deutschen Karten auf 2° östlich und westlich des Meridians, d. h. auf einem Meridianstreifen von 4° Längenunterschied, beschränkt worden ist. Dann wird der Zylinder gleichsam um 3° Längendifferenz gedreht und der benachbarte Meridianstreifen abgebildet, so daß nacheinander Streifen für Streifen zur Darstellung kommt. In Deutschland wurden aus noch zu erörternden Gründen die Meridiane 6°, 9° und 12° als Berührungsmeridiane ausgewählt. Da die Drehung des Zylinders um jeweils 3° erfolgt, die Abbildung aber 4° Längendifferenz umfaßt, ergeben sich jeweils in der Kontaktzone zweier Meridianstreifen Überlappungen von 0,5° vom östlichen Streifen und 0,5° vom westlichen Streifen, d. h. in einem 1° breiten Meridianstreifen. In ihm erfolgt durch die Koordinatenberechnung gemeinsamer trigonometrischer Punkte die Verklammerung zweier Streifen.

Bei einem solchen Verebnungsverfahren kommt aber nun nicht unmittelbar das Gradnetz des Sphäroids zur Darstellung, sondern ein rechtwinkliges Koordinatennetz, für das der Hauptmeridian die Abszisse und der Äquator die Ordinate abgeben. Sein Aussehen würde dem eines quergestellten Mercatornetzes entsprechen, wenn man sich das Sphäroid nicht mit Meridianen und Parallelkreisen überzogen denkt, sondern von einem Hauptmeridian und diesem parallelen Kleinkreisen (quergestellte Quasi-Parallelkreise) sowie vom Äquator und Großkreisen, die ihre Pole in der Zylinderachse haben (quergestellte Quasi-Meridiane), und wenn man diese Linien als bestimmte Hauptlinien des rechtwinkligen Koordinatennetzes ansieht. Da sie — ausgenommen Hauptmeridian und Äquator — auf der Erdoberfläche aber keine Bedeutung haben, wäre ihre Darstellung wenig sinnvoll. Vielmehr kann das rechtwinklige Koordinatennetz so eingerichtet werden, daß es einem gleichmäßigen Gitter entspricht, in welchem dann jeder Punkt durch einfache Angaben kartesischer Koordinatenwerte bestimmbar ist. Zu diesem Zweck werden sowohl Abszisse (Hauptmeridiane) und Ordinate (Äquator) gleichabständig metrisch eingeteilt, und zwar je nach Maßstab der Karte in Abständen von 1, 2, 5 oder 10 km. Diese Teilung bestimmt dann die Maschenweite des Kartengitters. So zu verfahren ist aber nur statthaft bei großen Maßstäben im dann etwa verzerrungsfreien Bereich eines Meridianstreifens.

Die Bezifferung des Kartengitters erfolgt an Hand der Einteilung von Abszisse und Ordinate. Auf der Abszisse bzw. dem Hauptmeridian und den ihm parallelen senkrechten Gitterlinien finden sich die laufenden Kilometerangaben ab dem Äquator. Sie werden als Hochwerte bezeichnet. Die Rechtswerte bzw. die Angaben auf der Äquator-Ordinate und den ihr parallelen horizontalen Gitterlinien bestehen aus einer Zahlenfolge von Kennziffer, km-Vorgabe und km-Angabe. Die Kennziffer bezeichnet den Hauptmeridian. Dabei werden nicht die Längengradzahlen 3, 6, 9, 12 usw. der Hauptmeridiane benutzt, sondern die durch 3 geteilten Gradzahlen 1, 2, 3, 4 usw. Man erhält auf diese Weise eine einfache laufende Numerierung. Die Teilbarkeit durch 3 ist auch der Grund für die Auswahl der Meridiane 3, 6, 9, 12 usw. Die km-Vorgabe beträgt 500 km und hat den Zweck, negative Werte zu vermeiden, die sonst bei der Zählung östlich und westlich vom Hauptmeridian innerhalb eines Meridianstreifens auftreten müßten. Die Kilometerangabe schließlich nennt den Ordinatenabstand eines Punktes vom Hauptmeridian bzw. der Abszisse. Ein Beispiel möge dies verdeutlichen (vgl. Abb. 42):

Hochwert	5818 =	5818 km	Entfernung vom Äquator
Rechtswert	4578 =	78 km	Entfernung östlich von 12° Länge östlich
oder			Greenwich bzw. vom Hauptmeridian
Hochwert	5818 =	5818 km	Entfernung vom Äquator
Rechtswert	4410 =	90 km	Entfernung westlich von 12° Länge östlich
			Greenwich bzw. vom Hauptmeridian

Mit diesen Kilometerangaben ist jeder Gitterschnittpunkt bestimmt. Weitere Punkte innerhalb der Gittermaschen lassen sich mit Hilfe des jeder Karte beigegebenen Planzeigers festlegen.

Es wurde oben (vgl. S. 89/90) darauf hingewiesen, daß in einer Kontaktzone sich zwei benachbarte Meridianstreifen überschneiden. In gleicher Weise treffen hier auch die Gitter der beiden Streifen aufeinander, die jedoch nicht nahtlos ineinander übergehen, sondern sich schiefwinklig schneiden, weil sie jeweils senkrecht auf den Hauptmeridianen stehen und diese zum Pol hin konvergieren. Infolge der Konvergenz nehmen überdies die Ordinatenlängen der beiden sich schneidenden Gitter äquatorwärts zu und polwärts ab. Das führt zu Zählungsschwierigkeiten, die nur durch Regelung behoben werden können. Eine erste mögliche Regelung ist die stufenlose, d. h. die Gitter am Grenzmeridian bei 1,5° Länge östlich und westlich des Hauptmeridians durchgehend scharf enden zu lassen. Dieser Weg wird heute dem anderen bisher üblichen vorgezogen. Er bestand in der Einführung von sogenannten Gittersprüngen, d. h. von stufenförmigen Versetzungen der Grenzmeridiane in Abständen von 500 km um jeweils 10 km nach Osten (vgl. Abb. 43). Es läßt sich nicht vermeiden, daß diese Gittersprünge zumeist inmitten eines Kartenfeldes liegen (vgl. Meßtischblätter 4528 Worbis und 4529 Bleicherode).

Neben dem Kartengitter auf der Grundlage der Gauß-Krüger-Meridianstreifenabbildung ist neuerdings in den NATO-Staaten das UTM-Gitter (Universal Transverse Mercator Grid System) eingeführt worden, und zwar in Anlehnung an das 1951 von der Internationalen Union für Geodäsie und Geophysik empfohlene Abbildungsverfahren „Universale Transverse Mercator Projection". Sein Ergebnis ist gleichfalls eine Meridianstreifenabbildung, jedoch mit dem Unterschied, daß 1. das „Internationale Ellipsoid" nach HAYFORD (vgl. Tab. 3) die Abbildungsgrundlage bildet, und daß 2. kein Berührungs-, sondern ein Schnittzylinder verwendet wird. Somit bildet sich nicht ein Berührungsmeridian längentreu ab, sondern ein Paar ihm paralleler Schnittlinien. Bei einer Verebnung kommt es zu einer gewissen Stauchung des Ellipsoids zwischen ihnen und einer entsprechenden Dehnung ost- und westwärts. Damit wird ein Verzerrungsausgleich erwirkt, so daß mit diesem Ver-

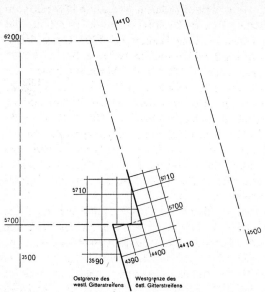

Abb. 43: *Der Gittersprung*

fahren ohne Nachteil 6° breite Meridianstreifen abgebildet werden können. Die Streifen reichen jedoch nicht bis zu den Polen, sondern nur bis jeweils 80° Breite. Im Bereich der Polkappen wird eine stereographische Projektion angewandt. Im übrigen gelten ähnliche Überlegungen wie beim Gauß-Krüger-System. Allerdings gibt es im UTM-Gitter nicht die Bezeichnungen Rechts- und Hochwert, sondern an deren Stelle die Buchstaben *E* (east) und *N* (north). Die *N*-Werte im rechten und linken Kartenrahmenfeld geben wie die Hochwerte die Entfernungen in Kilometer vom Äquator an. Da aber das UTM-Gitter eine ganze Erdabbildung bedeckt, mußte auch eine Zählregelung für die Südhalbkugel gefunden werden. Um hier negative Werte zu vermeiden, erhält der Ursprung der Nord-Süd-Koordinate am Äquator eine Vorgabe von 10 000 km. — Die *E*-Werte im oberen und unteren Kartenrahmenfeld enthalten wie die Rechtswerte eine 500-km-Vorgabe und geben die Entfernungen in Kilometer vom Bezugsmeridian an. Auf diesen wird aber nicht durch eine Kennziffer hingewiesen, sondern er muß aus der Zahl der Zonenfeldangabe (bestehend aus einer Zahl und einem Buchstaben) des UTM-Meldesystems, das auf dem Kartenrand vermerkt ist, ermittelt werden. Das UTM-Gitter ist in senkrechte 6° breite Zonen und waagerechte 8° hohe Bänder eingeteilt. Die Zonen erhalten laufende Nummern, die Bänder von 80° Süd bis 80° Nord (neuerdings 84°) werden mit den Buchstaben in alphabetischer Reihenfolge von C bis X (unter Fortlassung von I und O) belegt, so daß durch ein Zahlen-Buchstaben-Paar (z. B. 32 U) ein bestimmtes Zonenfeld gekennzeichnet ist. Die Zonennumerierung beginnt bei 180° Länge östlich Greenwich, d. h. die Zone 1 ist der Meridianstreifen zwischen 180° und 186° östlicher Länge mit dem Bezugsmeridian 183° in der Mitte, die Zone 2 der Streifen zwischen 186° und 192° mit dem Bezugsmeridian 189° in der Mitte usw. Soll also aus der Zonenzahl 32 (obiges Beispiel) der Bezugsmeridian ermittelt werden, so ist folgende Rechnung notwendig: $180° + 32 \cdot 6° - 3° = 369° = 9°$ Länge östlich Greenwich. Dieses Ermittlungsverfahren erscheint zunächst verwickelt und umständlich. Für den gedachten Zweck aber ist es nicht erforderlich; dafür wird lediglich die Zahlen-Buchstaben-Kombination des UTM-Meldesystems verwandt, ohne Bezug auf irgendwelche geographischen Koordinaten.

Auch die Karten der Staaten des Warschauer Paktes sind heute mit einem 6° breiten Gitter versehen. Jedoch ist hier kein neues Abbildungs-Verfahren eingeführt, sondern die Meridianstreifenabbildung nach GAUSS-KRÜGER lediglich auf 6° Längendifferenz erweitert worden[1]. Die Zählung beginnt hier wie üblich am Meridian von Greenwich. Zur Ermittlung von Hauptmeridian oder Kennziffer allerdings wird auch hier eine Rechnung notwendig nach den Formeln: Hauptmeridian = Kennziffer · 6 — 3, Kennziffer = (Hauptmeridian + 3) : 6.

Da die Kartengitter an die Meridianstreifen gebunden sind, ist es notwendig, auch den Zusammenhang zwischen den sphärischen Koordinaten des Gradnetzes und den rechtwinkligen des Gitters herzustellen. Das geschieht unter Berücksichtigung von Erdoberflächenausschnitt, Maßstab und Kartenformat durch Berechnung der entsprechenden Schnittpunkte von Meridianen und Parallelkreisen in kartesischen Koordinatenwerten, die als Blatteckenwerte in das Kartengitter eingetragen werden. Ihre Verbindungslinien umrahmen das Kartenfeld (Kartenfeldrandlinien) und sind nichts anderes als die mitabgebildeten Meridian- und Parallelkreisbögen.

Von besonderer Bedeutung für die Kartenbenutzer ist in diesem Zusammenhang der Begriff der Meridiankonvergenz. Sie erklärt sich dadurch, daß die Richtung der senkrechten Gitterlinien nur im Berührungsmeridian mit der geographischen Nordrichtung übereinstimmt, daß aber mit zunehmender Entfernung vom Berührungsmeridian die diesen parallel bleibenden Gitterlinien mit den seitlichen Meridianen, die zum Pol hin konvergieren, sich schneiden müssen. Diese Schnittwinkel werden als Meridiankonvergenzen bezeichnet. Es gibt also in jedem Punkt der topographischen Karte großen

---

[1] Der Meridianstreifen-Abbildung liegen die Halbachsenwerte nach F. N. KRASSOWSKIJ und A. ISOTOW zugrunde: a) = 6378,245 km, b) = 6356,863 km.

Maßstabes drei Nordrichtungen: die magnetische ($Ma\,N$), die geographische ($Ge\,N$) und die Nordrichtung ($Gi\,N$) des Gitternetzes. Bei Koordinatenumrechnungen sowie vor allem bei Kompaßmessungen auf Gradabteilungskarten mit Gittern ist ihr Zusammenhang zu berücksichtigen, und zwar durch Beachtung folgender Gleichung (vgl. Abb. 42): Mißweisung (Deklination) δ = Meridiankonvergenz γ + Nadelabweichung η. Der Winkel γ ist positiv, wenn er östlich, und negativ, wenn er westlich der Gitterlinie liegt. Die Nadelabweichung ist den amtlichen Karten in der Regel in Form eines Diagrammes beigefügt, aus welchem hervorgeht, daß sie in Raum und Zeit veränderlich ist. Sie selbst und auch die mit ihr zusammenhängende Deklination sind ja im Grunde genommen schon Anomalien gegenüber dem idealisierten Magnetfeld einer Kugel, insofern als die Magnetachse zur Zeit um etwa $11°$ in bezug auf die Rotationsachse geneigt ist. Darüber hinaus muß natürlich die Deklination von Ort zu Ort auf der Erde verschiedene Werte annehmen, weil die Winkel zwischen magnetischem Pol, Beobachtungsort und geographischem Pol von Ort zu Ort unterschiedlich sind. Abgesehen von diesen und auch von lokalen Abweichungen (Metalleinlagerungen in der Erdkruste) bestehen jedoch außerdem räumliche und zeitliche Variabilitäten, die offenbar darauf zurückzuführen sind, daß die Erde eben nicht als permanenter Kugelmagnet anzusehen ist, sondern daß elektrische Ströme in der Ionosphäre, vor allem aber im flüssigen Erdkern das Magnetfeld an der Oberfläche aufbauen. Und diese Ströme sind nach Stärke und Richtung sehr instabil; sie müssen es sein, weil sich im flüssigen Erdkern — ähnlich wie in der gasförmigen Atmosphäre — ein stabiler Zustand nicht einstellen kann und weil die Ionosphäre sehr stark unter dem Einfluß der solaren Eruptionen steht. Die dynamische Instabilität dieser Prozesse innerhalb und außerhalb der Erde zieht eine ebensolche Instabilität von Deklination, Inklination und Feldstärke nach sich.

Die geographische Eignung der Kartennetze

Die Frage nach dem Netz, das den geographischen Belangen am besten gerecht wird, ist nicht eindeutig zu beantworten. Es wurde bereits betont, daß bei der Abbildung der Kugel die Bedingung der gleichzeitigen Erhaltung von Längen, Winkeln, Flächen und auch Formen nicht erfüllbar ist. Jedes Gradnetz hat — wie jeweils angegeben — seine besonderen Eigenschaften und muß den gestellten Erfordernissen entsprechend ausgewählt werden. Diese Erfordernisse leiten sich — neben der Berücksichtigung von Maßstab und Kartenformat — vor allem von der darzustellenden Substanz ab, und da diese sowohl in ihrer sachlichen Differenzierung wie in ihrer regionalen Ausdehnung sehr verschieden sein kann und andererseits genügend Gradnetzkonstruktionen zur Verfügung stehen, wird es nur selten Fälle geben, in denen eine zweckentsprechende Zuordnung nicht möglich ist. Im allgemeinen aber sollte die Geographie — da sie fast immer auf räumliche Vergleiche abzielt — flächentreuen Konstruktionen den Vorrang geben und dabei gleichzeitig auf größtmögliche Formtreue achten. Das gilt besonders für globale Darstellungen, denn bei Ausschnittsabbildungen lassen sich Kegel, Ebene und Zylinder immer so vorteilhaft anlegen, daß die Formverzerrungen nicht allzusehr ins Gewicht fallen. Bei Darstellung der gesamten Erdoberfläche dagegen können diese Deformationen sehr erheblich sein, und es muß noch einmal betont werden, daß beispielsweise das Mercator-Netz für derartige Erdbilder die denkbar schlechteste Grundlage abgibt. Aber auch die flächentreuen Konstruktionen auf dem Zylindermantel nach LAMBERT und BEHRMANN sind für Globaldarstellungen ungeeignet, weil sie den Mangel der unendlichen meridionalen Dehnung in höheren Breiten wie bei MERCATOR dort in einen solchen übermäßiger Schrumpfung ummünzen. Vorteilhaft erscheinen die Konstruktionen von MOLLWEIDE, ECKERT, AITOFF, HAMMER, WINKEL und neuerdings K. H. WAGNER, von denen aus Gründen der Beschränkung hier nur einige behandelt werden konnten. Eine besondere Bedeutung in der Geographie kommt den azimutalen Kartennetzen zu. Sie ermöglichen größtenteils gute Darstellungen von regionalen Übersichten oder Erdteilen und vermitteln relativ formtreue Bilder. Ihr größter Vorteil aber ist, daß die schief- und erdachsigen Abbildungen die räumlichen Zusammenhänge in den polaren Gebieten nicht zerreißen und dabei gleichzeitig die Vorstellung von der Kugelgestalt der Erde aufrecht erhalten. Es unterliegt keinem Zweifel und ist eine Erfahrungstatsache, daß Menschen, die von Jugend an gewöhnt sind, Alaska in der linken und die Tschuktschen-Halbinsel in der rechten oberen Ecke der Karte zu sehen, die wahre räumliche Vorstellung verloren haben und sie auch nicht ohne dauerndes bewußtes Umdenken wieder gewinnen können. Es ist deshalb heute — da die Polregionen politische und wirtschaftliche Aktionsfelder geworden sind — mehr denn je notwendig, den Azimutalkonstruktionen von geographischer Seite größte Beachtung zu schenken. Für kleinere Gebiete der Erde in der Größenordnung von Ländern werden am vorteilhaftesten flächentreue Netzkonstruktionen auf dem Kegel für mittlere und höhere Breiten, für niedere Breiten hingegen solche auf dem Zylindermantel verwandt. Für noch kleinere Teilgebiete schließlich stehen die polykonischen, polyedrischen und Meridianstreifen-Abbildungsverfahren zur Verfügung.

Die Darstellung der erdraumbezogenen Substanz

Die Darstellung der Substanz leitet sich aus der Grundaufgabe der Kartographie (vgl. S. 51) ab, ein graphisch umgesetztes, generalisiertes Bild der Erdoberfläche bzw. von Teilen derselben einschließlich ihrer Erscheinungs- und Sachverhaltsfülle zu entwerfen, das eine der Wirklichkeit entsprechende Vorstellung hervorruft. In dem folgenden Schema, das den Gesamtbereich der Kartographie aufgliedert, hat sie ihren Platz unter der Rubrik „Kartengestaltung":

A. Kartenherstellung

1. Kartenaufnahme und redaktionelle Stoffaufbereitung
geodätische
topographische und thematische   Karteninhalt
2. Kartengestaltung
inhaltliches Gestalten ⎫
graphisches Gestalten   ⎬ des aufbereiteten Stoffes   Kartenentwurf
3. Kartenoriginal-Anfertigung
Reinzeichnung (nach Entwurf)
(Astralon-)Kopie   Kartenoriginal
4. Kartenreproduktion
(Druckplatten-)Kopie
Druck und Vervielfältigung   gedruckte Karte

B. Kartenverwendung

1. Allgemeine räumliche Orientierung
2. Interpretation für spezielle Zwecke
3. Thematische Information

Die Kartenkategorien

Es hat in der neueren Geschichte der Kartographie nicht an mannigfachen Versuchen gefehlt, die kategoriale Ordnung zu finden, die der vielfältigen erdraumbezogenen Erscheinungs- und Sachverhaltsfülle auf der Erde innewohnt oder — bzw. auch und — die sich aus Sinn und Zweck ihrer Darstellung ableiten läßt. Dieses Bestreben ist nur zu natürlich, denn zweifellos ist das Denken in Kategorien eine unabdingbare Voraussetzung jeglicher wissenschaftlichen Arbeit. Offensichtlich sind in der kartographischen Darstellung derartige Kategorien erkennbar, die sich zumindest in ihren Kernbereichen klar voneinander trennen lassen. So ist sicher einzusehen, daß eine Bevölkerungsdichtekarte im Maßstab 1 : 1 Mill. sich wesentlich und grundsätzlich von der Internationalen Weltkarte 1 : 1 Mill. unterscheidet, und zwar sowohl im Hinblick auf die dargestellte Substanz als auch auf den Darstellungszweck. Kritisch dagegen wird die Unterscheidbarkeit in den Kontaktzonen der Kategorien. Das ist jedoch kein Ausnahme-, sondern der Regelfall, denn immer bei solchen Versuchen, Kriterien aufzuspüren, richten sich die Ergebnisse nach den zugrunde gelegten Gesichtspunkten. Sie werden daher im allgemeinen weniger als falsch oder richtig anzusehen sein, denn als schlecht oder gut bzw. kompliziert oder einfach — eine Alternative, die in der Kartographie allenthalben Gültigkeit besitzt.

Wenn nun hier einer Kartenzweiteilung in „Topographische Karte" einerseits und „Thematische Karte" andererseits der Vorzug gegeben wird, so nicht, um den bisherigen Einteilungen noch eine weitere hinzuzufügen, sondern um zu einer möglichst einfachen und verständlichen Gliederung zu kommen. Dabei steht der Begriff der „Topographischen Karte" für eine ganze Reihe gebräuchlicher, aber keineswegs genau definierter und abgegrenzter Bezeichnungen wie „Geländekarte", „Gewöhnliche Karte", „Reine Karte", „Topographische Karte" (nur großer Maßstäbe), „Generalkarte", „Geographische Karte", „Chorographische Karte", „Physische" oder „Physikalische Karte"[1] usw. Während für solche Zusammenfassungen bis heute jedoch keine Einigkeit besteht, hat man sich inzwischen von Bezeichnungen wie „Angewandte Karte" „Sonderkarte", „Wissenschaftliche Karte", „Zweckkarte", „Spezialkarte" und unter Umständen auch „Geographische Karte" usw. gelöst und sie alle durch den Begriff der „Thematischen Karte" ersetzt. Zugestandenermaßen stößt die eindeutige und trennscharfe Abgrenzung beider Begriffe durch inhaltliche Definitionen auf einige Schwierigkeiten, ebenso wie angezweifelt werden mag, ob die Vereinigung der obengenannten Kartenarten unter dem Dach der „Topographischen Karte" vertretbar ist. Andererseits aber läßt sich eine Reihe von gewichtigen Wesensmerkmalen für die Verschiedenheit der Inhalte sowohl hinsichtlich der dargestellten Substanz als auch des Darstellungszieles anführen, die die in dieser Weise vorgenommene Zweiteilung gerechtfertigt erscheinen lassen.

Die Darstellung in der *Topographischen Karte* dient in erster Linie der allgemeinen Orientierung auf der Erdoberfläche und umfaßt die Abbildung vorwiegend aller der Erscheinungen und Sachverhalte der Erdoberfläche selbst oder solcher auf ihr, die lückenlos ihr physiognomisch wahrnehmbares Bild

---

[1] Zwei Begriffe, die — obwohl sehr gebräuchlich — nicht logisch sind.

in seinen wesenhaften Zügen dauerhaft prägen und dem genannten Zweck entsprechen.

Die Darstellung in der *Thematischen Karte* dient der speziellen, meist wissenschaftlichen Information als Ergebnis oder als Grundlage. Ihr Gegenstand ist der Gesamtbereich aller erdraumbezogenen Erscheinungen und Sachverhalte sowohl real existenter als auch gedachter wie entwickelter Natur, in dessen Rahmen jeweils eine bestimmte, zumeist eng begrenzte Auswahl von Erscheinungen und Sachverhalten, die im Hinblick auf eine festumrissene Thematik aufbereitet sind, zweckentsprechend zur Abbildung kommt.

Hiernach könnte auch die Topographische Karte als eine Thematische Karte angesehen werden, denn auch in ihr wird eine festumrissene Thematik abgehandelt, die unter Umständen durchaus eine wissenschaftliche Information sein kann. Jedoch steht der Topographischen Karte nicht der Gesamtbereich aller erdraumbezogenen Erscheinungen und Sachverhalte offen. Ihre Thematik ist nicht variierbar und bleibt immer nur auf ein und denselben beschränkten Objektkreis bezogen, der sich aber aus einer relativ großen Zahl von Substanzelementen zusammensetzt (Wald, Wiesen, Wege usw.). Variierbar ist lediglich der Maßstab, nicht aber der substantielle Karteninhalt. Zwar wandelt sich mit der Maßstabsänderung im Zuge der Generalisierung sein Aussagecharakter, jedoch nur graduell, nicht prinzipiell. Grundsubstanz und Endzweck bleiben innerhalb der gesamten Maßstabsskala gleich.

Anders in der Thematischen Kartographie. Ihr Objektkreis im Rahmen der Erdraumbezogenheit ist unbegrenzt. Dementsprechend steht auch eine große Themenvielfalt zur Auswahl, und es ist geradezu das Kennzeichen der thematischen Kartographie, daß die dargestellte Substanz von Karte zu Karte verschieden ist, die dargestellte Substanz selbst aber jeweils nur aus einem oder nur wenigen streng auf das Thema ausgerichteten Elementen besteht. Der Maßstab als Unterscheidungskriterium der Thematischen Karten untereinander ist erst von zweitrangiger Bedeutung.

Selbst wenn nun die Topographische Karte unter Umständen nur als Sonderfall der Thematischen anzusehen ist, und die Unterscheidungsmerkmale beider Kartenarten nicht absolut trennender, sondern mehr betonender Natur sind, so scheint doch durch die angegebenen Unterscheidungsmerkmale die Aufteilung des kartographischen Darstellungsbereiches in die folgenden beiden Kategorien hinreichend belegt zu sein:

Topographischer Kartensektor: monothematisch;
Substantieller Karteninhalt: Komplexgefüge;
Gliederungskriterium der Karten: Maßstab;
Zweck: allgemeine Lageorientierung.

Thematischer Kartensektor: polythematisch;
Substantieller Karteninhalt: vornehmlich aus Analysen und Synthesen hervorgehendes, teils auch komplexes Gefüge;
Gliederungskriterium der Karten: Thematik;
Zweck: spezielle Sach- und Lage-Informationen.

Die Topographische Karte

Gliederungsgrundsätze

Wie bereits darauf hingewiesen, läßt der Gesamtbereich der Topographischen Karte nur eine Einteilung nach Maßstäben oder Maßstabsgruppen zu. Da im Zuge der Maßstabsverkleinerung und der damit verbundenen Generalisierung Inhaltsumfang, Genauigkeit und damit auch Verwendungsmöglichkeit sich ändern, besteht natürlich auch die Möglichkeit, den gegebenenfalls sich sprunghaft wandelnden Aussagecharakter als Einteilungsprinzip mit heranzuziehen. Sein Wandel läuft jedoch immer der Änderung der Maßstäbe parallel, so daß dieser primär immer im Vordergrund steht und dem Aussagecharakter nur die Rolle einer Ergänzung zukommt. So ist es üblich geworden, wenigstens die Karten größerer und mittlerer Maßstäbe bis 1 : 1 000 000, die im allgemeinen von der amtlichen Kartographie bearbeitet werden, folgendermaßen zu benennen:

Tab. 7: *Die Amtlichen Deutschen Kartenwerke* (vgl. Abb. 44 und Tab. 8)

1 : 5 000	20-cm-Karte (Deutsche Grundkarte)	1 km (N) = 20 cm (B)	1 cm (B) = 0,050 km (N)
1 : 25 000	4-cm-Karte (Topographische Karte, Meßtischblatt)	1 km (N) = 4 cm (B)	1 cm (B) = 0,250 km (N)
1 : 50 000	2-cm-Karte (Deutsche Karte, jetzt Topographische Karte)	1 km (N) = 2 cm (B)	1 cm (B) = 0,500 km (N)
1 : 100 000	1-cm-Karte oder 1-km-Karte (Karte des Deutschen Reiches, Generalstabskarte; jetzt Topographische Karte)	1 km (N) = 1 cm (B)	1 cm (B) = 1 km (N)

1 : 200 000	2-km-Karte (Topographische Übersichtskarte des Deutschen Reiches; jetzt Topographische Übersichtskarte)	1 cm (B) = 2 km (N) 1 km (N) = 0,5 cm (B)
1 : 300 000	3-km-Karte (Übersichtskarte von Mitteleuropa; heute nicht mehr bearbeitet)	1 cm (B) = 3 km (N) 1 km (N) = 0,33 cm (B)
1 : 500 000	5-km-Karte (Vogels Karte des Deutschen Reiches; halbamtlich, heute nicht mehr bearbeitet)	1 cm (B) = 5 km (N) 1 km (N) = 0,2 cm (B)
1 : 800 000	8-km-Karte (Übersichtskarte von Europa und Vorderasien, heute nicht mehr bearbeitet)	1 cm (B) = 8 km (N) 1 km (N) = 0,125 cm (B)
1 : 1 000 000	10-km-Karte (Internationale Weltkarte, IWK)	1 cm (B) = 10 km (N) 1 km (N) = 0,1 cm (B)

Die Reihe in dieser Weise fortzusetzen, ist nicht üblich geworden, weil mit dem Anwachsen des Maßstabsmoduls die Zahlen zu groß werden und damit die Vorstellungs- und Vergleichsmöglichkeiten versagen. Karten mit kleineren Maßstäben als 1 : 1 000 000 erfassen überdies zumeist Gebiete, die über die Staatsgrenzen hinausreichen, und können daher als Länder-, Erdteil- oder Erdkarten bezeichnet werden. Ihre Bearbeitung obliegt der Privatkartographie, es sei denn, die Staatsgebiete sind so groß (UdSSR, USA usw.), daß sie auch in kleineren Maßstäben noch amtlicherseits wahrgenommen wird.

Dieser Karteneinteilung nach Maßstäben sind insbesondere von HERMANN WAGNER verschiedene zusammenfassende Gruppierungen übergeordnet worden, so etwa die Einteilung in Pläne, Topographische Karten und geographische Karten oder in geographisch konkrete und geographisch abstrakte Karten bzw. deren Unterabteilungen: Topographische Spezialkarten, General- oder Übersichtskarten, Übergangskarten, chorographische Karten oder physische Karten usw. Auf diese Bezeichnungen sei hier nur hingewiesen, um anzudeuten, daß sie allzu leicht Verwirrung stiften könnten, denn sie sind begrifflich sowie ihrer unterschiedlichen maßstäblichen Abgrenzung nach irreführend. Es ist nicht einzusehen, warum aus einer Topographischen Karte bei kleiner werdendem Maßstab plötzlich eine geographische werden sollte oder warum Erdkarten, die nur Flüsse, Städte, Tiefländer und Gebirge zeigen, physische Karten genannt werden.

Demgegenüber hat H. LOUIS eine den Maßstäben übergeordnete Klassifizierung angegeben, die hinsichtlich der Maßstabsgruppierung klar und einleuchtend begründet ist und dadurch den praktischen Erfordernissen gerecht wird. Es wird die Tatsache zugrunde gelegt, daß einer kontinuierlichen Maßstabsänderung nicht ein ebenso kontinuierlicher Aussagecharakter der Karten zugeordnet ist, sondern daß dieser innerhalb gewisser Maßstabs-

Abb. 44: *Diagramm der Maßstabsfunktion*

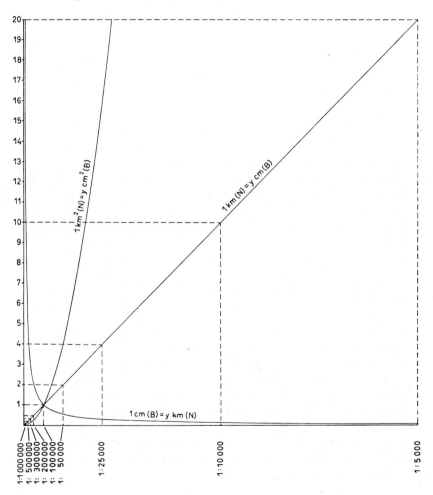

	1:5 000	1:10 000	1:10 560	1:15 000	1:20 000	1:21 000	1:25 000	1:40 000	1:42 000	1:50 000	1:63 360	1:75 000	1:80 000	1:84 000	1:100 000	1:126 000	1:126 720	1:150 000	1:160 000	1:200 000	1:210 000	1:250 000	1:253 440	1:300 000	1:320 000	1:400 000	1:420 000	1:500 000	1:625 000
Albanien E							○			○					○					○								○	
Albanien F							○																					◉	
Belgien E		○		○	◉		○	○		○					◉					○					○			◉	
Belgien F																			○			○			◉			◉	
Bulgarien E		○			○		◉	○		◉					◉			○		◉		○ ○		◉		○	○	◉	
Bulgarien F						○			○																			◉	
Dänemark E		○			○		○ ○	○		○					◉			○ ○	○	○				○				○	
Dänemark F																						◉		◉				◉	
Deutsches R. E	◉						◉			◉					◉					◉				◉					
Deutsches R. F																													
BR Deutschl. E	◉						◉			◉					◉					◉	◉								
BR Deutschl. F																												◉	
DDR E	◉	◉					◉			◉					◉					◉									
DDR F																												◉	
Finnland E		○			◉		○			◉					◉					◉					◉			○	
Finnland F								○			○		○								◉	○						◉	
Frankreich E		○			◉		◉			◉		○			○					○		○		◉	○			○	
Frankreich F																								◉				◉	
Griechenland E		○			○					◉		○			○					○				○		○			
Griechenland F																												◉	
Großbritann. E			◉				◉				○ ◉						○					○ ◉						◉ ◉	◉
Großbritann. F																							◉						
Irland E								◉							◉					◉									
Irland F																						○							
Island E										○					○					○									
Island F																													
Italien E	○ ○				○			○							◉					○								○	
Italien F										○												○		◉				◉	
Jugoslawien E					◉			○							○					○								○	
Jugoslawien F																				○					◉			◉	
Luxemburg E																													
Luxemburg F	○ ○			○	○			◉							○					◉		◉			◉			◉	
Niederlande E			○		◉		◉			○					◉					◉	◉			○				◉	
Niederlande F																				◉				◉				◉	
Norwegen E	○				○			○							◉					○	◉				○			◉	
Norwegen F																					○	◉						◉	
Österreich E					○			○		◉					○					○								○	
Österreich F																					◉							◉	
Polen E					◉			◉							◉					◉						○		◉	
Polen F					○										○					◉						◉		◉	
Portugal E	○ ○			○	○			◉							◉					○	○				○			○	
Portugal F																			◉									◉	
Rumänien E				○				◉							◉					◉		○						◉	
Rumänien F																								◉				◉	
Schweden E		◉		◉				◉							◉					○	◉				○				
Schweden F																												◉	
Schweiz E	○ ○				◉		○			○					○					○	○							○	
Schweiz F																								◉				◉	
Sowjetunion E	○ ○			○ ◉		○ ◉				◉ ◉ ◉					◉											○ ◉			
Sowjetunion F							○			○												◉		◉				◉	
Spanien E					○			◉							○					◉			○					◉	
Spanien F																						○						◉	
Tschechosl. E				◉			◉			◉					◉			○		◉								◉	
Tschechosl. F								○			○									◉		◉						◉	
Ungarn E				◉				◉							◉											◉		◉	
Ungarn F				○				○																					

◁ Tab. 8: *Die Amtlichen Kartenwerke Europas in den Maßstäben 1 : 5000 bis 1 : 625 000*
Die unter E aufgeführten Kartenwerke eines Staates sind Erzeugnisse, die von landeseigenen Behörden hergestellt, oder im Falle fremdländischer Aufnahme, wenigstens grundlegend überarbeitet wurden. Die unter F aufgeführten Kartenwerke sind Erzeugnisse ausländischer Behörden. Die schwarze Flächenfarbe innerhalb eines Kreises bezeichnet ein vorhandenes Gitterkoordinatensystem im Kartenwerk des entsprechenden Maßstabes.

intervalle gleich bleibt bzw. sich jenseits qualitativ bestimmter Schwellenwerte sprunghaft ändert. Damit werden folgende Maßstabsklassen gefunden und benannt:

Topographische Plankarten bis	1 : 10 000
Topographische Spezialkarten bis	1 : 50 000
Topographische Übersichtskarten bis	1 : 200 000
Generalkarten bis	1 : 1 000 000
Länderkarten bis	1 : 20 000 000
Erdteilkarten	$<$ 1 : 20 000 000

Bei dieser Einteilung ist jedoch nach wie vor zu bedenken, ob die gewählten Termini die Aussagefähigkeit der Karten hinreichend kennzeichnen (Spezial-, General-), und ob es vertretbar ist, nur die drei ersten Maßstabsklassen als Topographische Karten zu bezeichnen.

Die Darstellung der topographischen Substanz

Nach der Merkmalserläuterung der Topographischen Karte (vgl. S. 97/98) sind unter ihrer Substanz alle jene Elemente der Erscheinungs- und Sachverhaltsfülle auf der Erde zu verstehen, die als wesentlich für die allgemeine orientierende Kennzeichnung auf der Erdoberfläche erkannt und ausgewählt werden. Die *Inhaltsgestaltung* als die eine Aufgabe der Kartographie (vgl. S. 96) erübrigt sich hier im allgemeinen, weil Auswahl und Bestimmung der Elemente sich im Laufe der kartographischen Geschichte als allgemein verbindlich herauskristallisiert haben und heute auch generell anerkannt werden. Freilich bleibt dabei zu bedenken, ob diese Erkenntnis nicht einer gewissen Gewöhnung entspringt und ob der Inhalt der Topographischen Karte wirklich in hinreichender Weise allen an ihn gestellten Anforderungen gerecht wird. Da die Entwicklung der Topographischen Karte weitgehend von militärischen Gesichtspunkten beeinflußt wurde, wäre zu überprüfen, ob die wissenschaftlichen, unter anderem geographischen Belange, in genügender Weise berücksichtigt sind. Angesichts der Weiterentwicklung der militärischen Ausgaben von Topographischen Karten auf der Grundlage der inhaltlichen Anpassung an modernste Erfordernisse muß erwogen werden, die Topographische Karte ganz allgemein aus ihren traditionellen Fesseln zu befreien und sie nicht nur graphisch — was bereits in vortrefflicher Weise geschehen ist —, sondern auch inhaltlich mit den zeitgemäßen Anforderungen in Einklang zu bringen.

In der amtlichen Kartographie wird der Inhalt der Topographischen Karte folgendermaßen abgegrenzt und gruppiert: Bodenformen — Gewässernetz — Bodenbewachsung — Wohnplätze — Verkehrslinien — Grenzen — Einzelerscheinungen. Bei der Betrachtung dieser Inhaltsübersicht wird offenbar, daß es sich allenthalben um Erscheinungen handelt, die eine gewisse Existenzkonstanz besitzen. Zwar wird die Bodenbewachsung in die Karte aufgenommen, aber eben nur soweit sie sich nicht kurzfristig ändert. Es werden z. B. nicht die Areale der jährlich wechselnden Anbaupflanzen dargestellt oder auch keine Zirkuszelte lokalisiert usw. Diese relative Existenzkonstanz der abzubildenden Erscheinungen ist ein Kennzeichen speziell der Topographischen Karte.

Weiterhin wird offenbar, daß der angegebene Inhalt zwei in sich verschiedene Erscheinungskomplexe umfaßt, und zwar sowohl der Sache nach als auch hinsichtlich der graphischen Darstellung. Da ist einerseits das Auf und Ab des Geländes — das Relief — und andererseits die topographische Substanz, die sich diesem Relief mehr oder weniger anschmiegt. Es gilt in dem einen Falle, bei der Abbildung die dritte Dimension zu berücksichtigen, während im anderen Falle die zweidimensionale Darstellung ihren Zweck erfüllt. Um Grundrißdarstellungen handelt es sich in beiden Fällen, denn die Abbildung aller genannten Erscheinungen ist allemal eine Parallelprojektion in den Grundriß. Deshalb ist es falsch, etwa von einer Grundriß- im Gegensatz zur Reliefdarstellung zu sprechen. Wohlbegründet dagegen ist die Teilung der topographischen Substanz in Diskreta und Kontinua, wie sie H. Louis ganz generell sowohl als Inhalts- wie auch als Ausdrucksalternative angibt. Zweifellos ist das Relief ein Kontinuum, d. h. es gehört zu den Erscheinungen, deren Wertvariabilität räumlich unbegrenzt und durch Stetigkeit gekennzeichnet ist. Die übrigen topographischen Erscheinungen sind Diskreta, d. h. ihre Wertvariabilitäten sind räumlich begrenzt und verlaufen unstetig oder entfallen überhaupt. Damit ist ein allgemeines übergeordnetes Gruppierungsprinzip festgestellt, das auf die konkrete topographische Substanz anwendbar ist oder umgekehrt sich aus ihr ergibt. Für jeden der beiden Fälle ist die graphische Gestaltung eine grundsätzlich verschiedene.

Die graphische Darstellung des Reliefs. Die Umsetzung der Substanz in einen ihr entsprechenden graphischen Ausdruck ist gebunden an die graphischen Ausdrucksmittel. In der Ebene stehen nur Punkt, Linie und Fläche zur Verfügung. Sie lassen sich jedoch vervielfältigen einerseits durch Verformung zu Signaturen, andererseits durch Verdichtung bzw. Verdünnung zunächst zu Rastern und schließlich zu Tönungen. Hinzu treten außer der Beschriftung die verschiedensten Möglichkeiten der Farbgebung, so daß im Ergebnis eine große Auswahl von Darstellungsmitteln vorhanden ist. Die Frage ist: In welcher Weise läßt sich die dreidimensionale gekrümmte, teils geknitterte Erdoberfläche mit Hilfe der angegebenen graphischen Ausdrucksmittel in der zweidimensionalen Kartenebene darstellen? Zur Lösung dieser Frage bieten sich an die Seitenansicht, die Schrägansicht (Schrägdraufsicht) und die Lotrechtansicht. Letztere hat gegenüber den beiden anderen den Vorteil der genauen Lokalisierungsmöglichkeit eines jeden Punktes durch Messung, sofern — wie hier postuliert wird — eine Parallelprojektion in den Grundriß vorliegt. Wäre diese die einzige an eine Reliefdarstellung zu stellende Forderung, dann würde es genügen, eine Punktreihenprojektion vorzunehmen und die einzelnen Punkte mit Höhenzahlen zu versehen (Kotenplan). Damit wird aber in keiner Weise irgendeine Vorstellung vom Relief hervorgerufen. So steht dagegen schon seit jeher auch die zweite Forderung nach der unmittelbar bildhaften Veranschaulichung des Reliefs — also der Ansicht eines Reliefs, wie sie sich etwa mit gewissen Einschränkungen (Generalisierung, Zentralprojektion) aus der Vogelschau bietet. Gemäß diesen beiden Forderungen unterscheidet E. IMHOF die beiden extremen Lösungen: die rein geometrische, abstrakte im Gegensatz zur rein bildhaften, naturalistischen Darstellung. Als Kompromiß zwischen diesen beiden Extremen lassen sich die folgenden Thesen aufstellen:

Das Relief muß in Form, Lage und Dimension aus dem Kartenbilde geometrisch erfaßbar sein.

Das Kartenbild muß möglichst unmittelbar anschaulich sein, d. h., Formen-, Böschungs- und Höhendifferenzierungen müssen nicht gedacht, sondern möglichst unmittelbar gesehen werden können.

Das Kartenbild muß der natürlichen landschaftlichen Realität möglichst nahe kommen, jedoch auch genügend vereinfacht sein (Generalisierung).

Die Formenmerkmale, die besonders charakteristisch und für den Kartenbenutzer bedeutsam sind, müssen deutlich zum Ausdruck gelangen (Generalisierung und Singularisierung).

Praktisch steht die Entwicklung der Reliefkartographie seit eh und je im Zeichen des Versuches, diesem Verlangen nachzukommen, und zwar offensichtlich mit dem Ziel, das Reliefbild unmittelbar anschaulich herauszuarbeiten, ohne die geometrische Darstellung zu vernachlässigen. Hierbei muß man sich jedoch im klaren darüber sein, daß das nur möglich ist über die Lotrechtansicht. Diese erzeugt aber im Betrachter durchaus noch nicht unmittelbar die Vorstellung vom Relief, weil mit ihr ein visueller Reliefschwund einhergeht. Solange der Mensch — trotz Flugzeug und Satelliten — in überwiegendem Maße seine Umwelt aus terrestrischer Sicht in sich aufzunehmen gewohnt ist, kann nur die Schrägansicht das Erwünschte leisten. Der Betrachter ist also bei der Karteninterpretation im allgemeinen gezwungen, die Lotrecht- in eine Schrägansicht gedanklich umzusetzen, was nur durch ständiges Üben, d. h. durch seine ständige Konfrontation mit Karte und Relief zum Erfolg führen kann. Sie ist das A und O für das Kartenverständnis auch dann, wenn eine hervorragende Reliefdarstellung in Lotrechtansicht vorliegt. Bei dieser kann es aber immer nur darum gehen, „mit den verfügbaren graphischen Elementen die natürlichen, visuellen Effekte so gut wie möglich zu imitieren" (IMHOF 1965, S. 93).

Als bahnbrechend sind hier die Leistungen der Schweizer Kartographie unter Führung von E. IMHOF zu nennen, deren Erfolge bereits in vielen anderen Ländern Anlaß zu gleichen oder ähnlichen Darstellungsmethoden gegeben haben. Das gleiche Ziel wird auch in den Wenschow-Karten erkennbar, jedoch auf Grund völlig unterschiedlicher Arbeitsverfahren in der graphischen Gestaltung (dort manuell — hier mechanisch) mit unterschiedlichem Effekt.

Im allgemeinen aber wird zur Vorstellungsvermittlung des Reliefs in den gebräuchlichen Kartenwerken sowohl großen wie kleinen Maßstabes (von den Meßtischblättern bis hin zu den Atlanten und Wandkarten) noch immer der Umweg über die Fiktion und Abstraktion gewählt. Das heißt, es werden graphische Ausdrucksmittel benutzt, die nur eine mehr oder weniger mittelbare Anschaulichkeit zulassen. Im folgenden sollen die wichtigsten Darstellungsmethoden des Reliefs erläutert werden.

Niveau- oder *Schichtlinien* — speziell Höhen- und Tiefenlinien bzw. Isohypsen und Isobathen genannt — sind in den Grundriß projizierte fiktive Schnittspuren des Reliefs mit gedachten gleichabständigen horizontalen Ebenen. Solche Linien werden anschaulich durch Spiegelschwankungen eines Stausees nachgezeichnet. Es handelt sich um zu Linien verdichtete Höhenpunktreihen jeweils gleicher Niveaus (Verbindungslinien von Punkten gleicher Höhe), die einen Kotenplan ersetzen, sich somit ihm gegenüber durch bessere Übersichtlichkeit auszeichnen und aus ihm durch Interpolation konstruiert werden können (vgl. Abb. 45), denn unter der Voraussetzung gleicher Hangneigung hinreichend benachbarter Höhenpunkte ($P_1 P_2$) ist das Teilungsverhältnis $\dfrac{P_1 N_1}{N_1 P_2}$ am Hang dasselbe, wie das Verhältnis $\dfrac{P_1' N_1'}{N_1' P_2'}$ im

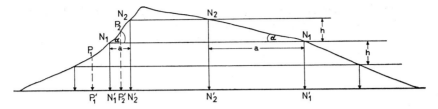

Abb. 45: *Reliefprofil mit Schnittspuren äquidistanter Ebenen*

parallel projizierten Grundriß, wodurch N_1' N_2' usw. bestimmbar werden. Zur Niveaulinie gehören zwei wichtige Begriffe: die Bezugsbasis und die vertikale Gleichabständigkeit (Äquidistanz) der Schnittebenen, die beide der Vergleichbarkeit dienen. Die Bezugsbasis ist grundsätzlich das Meeresspiegelniveau (N. N.), das in verschiedenen Ländern — selbst Europas — allerdings Unterschiede aufweist, die beim Vergleich verschiedener Kartenwerke zu berücksichtigen sind. Insbesondere ist zu beachten, daß das N. N. (Normal-Null) der Landkarten (für deutsche Karten· abgeleitet vom mittleren Hochwasser des Amsterdamer Pegels; für die neuen Karten der DDR wird seit 1958 auf den Pegel von Kronstadt Bezug genommen) vom Seekartennull (in deutschen Seekarten mittleres Spring-Niedrigwasser der Nordsee) zu unterscheiden ist. Im Bereich von Gezeitenküsten finden sich deshalb in Land- und Seekarten für gleiche Punkte unterschiedliche Tiefenangaben.

Alle Niveaulinien, die oberhalb des Meeresspiegels liegen, werden als Höhenlinien oder Isohypsen, alle unter dem Meeresspiegel als Tiefenlinien oder Isobathen bezeichnet. Hochgelegene Seeböden also sind — soweit nicht einfach durch blaue schematisierte uferparallele Linienzüge dargestellt — grundsätzlich durch Isohypsen, unter dem Meeresspiegel liegende Festlandsdepressionen dagegen durch Isobathen zu kennzeichnen. Eine davon abweichende Handhabung verwirrt die Klarheit des Linienverlaufes und erschwert das Lesen der Karten, denn die Zählung bzw. Höhen- oder Tiefenangabe beginnt vom Meeresspiegel aus. Zur Erleichterung der Höhen- bzw. Tiefenfeststellung ist jede zehnte, in manchen Kartenwerken auch besser jede fünfte Niveaulinie durch eine breitere Strichstärke als Zählkurve hervorgehoben. Um das Kartenbild durch Zahlen nicht zu überlasten, tragen neben bestimmten ausgezeichneten Punkten nur die Zählkurven Höhen- bzw. Tiefenangaben. Schließlich sei erwähnt, daß es im Hinblick auf eine bessere Unterscheidbarkeit im Hochgebirge teilweise, besonders in den Alpenländern, üblich geworden ist, die Höhenlinien auch farblich voneinander zu trennen. Sie werden im allgemeinen im bedeckten Relief braun, im nackten Gestein schwarz und auf Gletschern blau eingezeichnet.

Von entscheidender Bedeutung für die Darstellung des Reliefs durch Niveaulinien ist die Äquidistanz. Sie erleichtert nicht nur das durchgängige Messen von absoluten Höhen in der Karte, sondern ermöglicht überhaupt erst eine übersichtliche Feststellung der Böschungsverhältnisse. Infolge der Äquidistanz sind die Niveaulinienabstände im Grundriß relativ klein bei abzubildenden Steilhängen und relativ groß bei Flachhängen, denn die Abstände a gehorchen der Gleichung (vgl. Abb. 45) $a = h \cdot \operatorname{ctg} \alpha$. Weil die Äquidistanz h konstant ist, wachsen also die Abstände direkt mit dem Kotangens des kleiner werdenden Böschungswinkels α und umgekehrt. Die Gleichung ist der Ausdruck einer Kurve bzw. Kurvenschar, die als Böschungsmaßstab zuweilen Kartenwerken größeren Maßstabes (z. B. dem Deutschen Meßtischblatt) beigefügt ist und mit dessen Hilfe Böschungswinkel in der Karte unmittelbar abgelesen werden können. Die Äquidistanz stellt andererseits aber auch die Kartographie vor schwierige Aufgaben. So ist es bis heute ein Problem, sehr steile und gleichzeitig sehr flache Formen mit Niveaulinien ein und derselben Äquidistanz abzubilden. Einerseits können dann die Niveaulinien so eng geschart sein, daß ihre Abstände weitere topographische Angaben nicht mehr zulassen bzw. die Linien überhaupt zusammenlaufen — andererseits können sie so weit auseinanderliegen, daß Böschungen nicht mehr erkennbar werden. Derartige Fälle sind in der Natur sehr oft gegeben. Als Beispiel sei hier nur angeführt der Gegensatz zwischen Alpen und Alpenvorland oder der Gegensatz in der Formentrilogie Deutschlands überhaupt. In derartigen Fällen sind nur zwei Lösungsversuche möglich, nämlich entweder die Verwendung verschiedener Äquidistanzen nebeneinander — etwa getrennt nach Hochgebirge, Mittelgebirge und Flachland — oder die Anwendung kombinierter Äquidistanzsysteme. Für den ersten Weg hat E. IMHOF die günstigsten Abstandswerte der Schnittebenen für verschiedene Maßstäbe errechnet (vgl. Tab. 9 und Abb. 47), für den Maßstab 1 : 25 000 z. B. im Hochgebirge zu 20 m, im Mittelgebirge zu 10 m und im flacheren Land zu 2,5 m. Der Wechsel in der Äquidistanz führt zu großen Nachteilen in der Vergleichbarkeit, und so wird im allgemeinen der zweite Weg gewählt, den auch die deutsche amtliche Kartographie (ehemaliges Reichsamt für Landesaufnahme in Berlin) gegangen ist. Sie unterscheidet in ihren Meßtischblättern Haupt- und Hilfshöhenlinien. Die ersteren sind noch einmal nach drei Höhenstufen (20 m, 10 m, 5 m) unterteilt und durch verschiedene Strichstärken bzw. Signaturen unterschieden (vgl. Abb. 46). Je nach der Steilheit des Reliefs werden dann nacheinander zunächst die 5-m-Linie, später die 10-m-Linie aus- bzw. eingeschaltet, während die 20-m-Linien grundsätzlich

Tab. 9: *Empfehlenswerte Äquidistanzen in m (nach E. IMHOF)*

Maßstäbe	Hochgebirge	Mittelgebirge	Flach- und Hügelland
1 : 1 000	1	0,5	0,25
1 : 2 000	2	1	0,5
1 : 5 000	5	2	1
1 : 10 000	10	5	2
1 : 20 000	20	10	2,5
1 : 25 000	20	10	2,5
1 : 50 000	20/30	10/20	5
1 : 100 000	50	25	5/10
1 : 200 000	100	50	10
1 : 250 000	100	50	10/20
1 : 500 000	200	100	20
1 : 1 000 000	200	100	20/50

auch bei knappem Raum zur Darstellung kommen. Ist dagegen das Relief so flach, daß bereits die 5-m-Äquidistanz an Aussagekraft verliert, dann müssen die Hilfshöhenlinien oder Zwischenkurven der Höhenstufen 2,5 m und

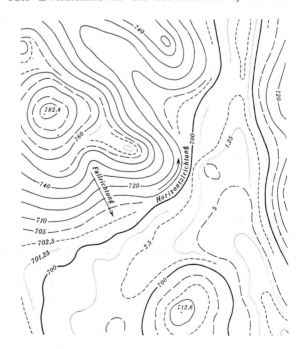

Abb. 46: *Haupt- und Hilfshöhenlinien*

1,25 m aushelfen. Wird dieses Verfahren der Ineinanderschachtelung verschiedener Äquidistanzen systematisch angewandt, so unterscheidet es sich kaum von der Verwendung verschiedener Äquidistanzen nebeneinander. Zwar lassen sich die Kurvensysteme voneinander trennen, weil die Höhenlinien verschiedener Äquidistanzen sich durch verschiedene Strichstärken und Liniensignaturen voneinander unterscheiden, dennoch wird dort wie hier der auf der Scharung beruhende optische Effekt zerstört dadurch, daß sowohl die flachen als auch die steilen Partien gleichmäßig von Linien bedeckt sind. Damit entfällt der Eindruck einer gewissen Plastizität. Anders jedoch, wenn das Verfahren zweckmäßig angewandt wird, d. h. die Zwischenkurven nur stückweise dort eingezeichnet werden, wo eine zusätzliche Aussage über die Geländeform zweckmäßig erscheint. Eine solche Zweckmäßigkeit ist nach E. IMHOF dann gegeben, wenn die Horizontalabstände der Höhenlinien in der Karte 16 mm beim Maßstab 1 : 25 000, 12 mm beim Maßstab 1 : 50 000, 10 mm beim Maßstab 1 : 100 000 überschreiten und damit der Reliefzusammenhang nicht mehr gewahrt ist, weiterhin wenn Unregelmäßigkeiten im Hangprofil auftreten und schließlich, wenn charakteristische Kleinformen (Moränenkuppen, Karrenfelder, Bergsturzhaufen, Dünen usw.) sichtbar gemacht werden sollen. Auf Grund der unterschiedlichen Kennzeichnung der den verschiedenen Höhenstufen zugehörigen Höhenlinien gewährleistet und erhält dieses Verfahren der Kombination von wechselnden Äquidistanzen bis zu einem gewissen Grade die Vergleichbarkeit.

Die Darstellung des Reliefs durch Niveaulinien allein ist in erster Linie den Karten größerer Maßstäbe — in der BR Deutschland 1 : 200 000, 1 : 50 000, 1 : 25 000 und 1 : 5000 — vorbehalten. Sie gehört streng genommen zu den rein geometrischen Darstellungsmethoden und ist als solche allerdings die Grundlage jeglicher Reliefdarstellung überhaupt, sofern von ihr eine maßstabsgerechte Meßgenauigkeit verlangt wird. Dennoch geht dieses Abbildungsverfahren einen entscheidenden Schritt über den Kotenplan hinaus und vermittelt bereits eine gewisse Anschaulichkeit. Sie ist eine mittelbare, die mit Hilfe von Fiktionen erreicht wird, denn die Niveaulinien existieren ja in Wirklichkeit nicht. Die Realität kennt nur das Reliefkontinuum verschiedener Tönung, und nur dort, wo in ihm Kanten und Spitzen auftreten, wären unter Umständen die graphischen Ausdrucksmittel Linie und Punkt berechtigt anwendbar, obwohl sie auch dann noch nur Fiktionen sind, denn sie werden ausschließlich durch das Zusammentreffen zweier oder mehrerer verschieden gekrümmter Flächen vorgetäuscht. Niveaulinien sind also allein vom Standpunkt der Meßbarkeit her vertretbar, nicht aber vom Standpunkt der Anschaulichkeit, denn sie werden ausgerechnet dort in das Reliefkontinuum hineingezeichnet, wo Kanten im allgemeinen gar nicht vorhanden sind.

Infolgedessen entsteht so leicht der Eindruck einer Treppung. Wenn durch Niveaulinien dennoch eine mittelbare Anschaulichkeit erzielt wird, so beruht sie auf zwei Effekten, dem *Formlinieneffekt* und dem *Hell-Dunkel-Effekt*. Ersterer entsteht dadurch, daß die Niveaulinien alle Aus- und Einbuchtungen des Reliefs nachzeichnen, wodurch Horizontal- und Fallrichtungen (vgl. Abb. 46) deutlich gemacht werden, die aus optischer Gewohnheit die Ursache eines Formendenkens sind. Der Hell-Dunkel-Effekt geht aus der mehr oder weniger engen Scharung der Niveaulinien hervor, die bei Gesamtbetrachtungen eine gewisse Flächentönung hervorruft. In Verbindung mit dem Prinzip „je steiler desto dunkler" erlaubt diese Tönung einen optischen Schluß auf die Böschungsverhältnisse des Reliefs. Das aber doch nur unter Vorbehalt, denn erstens liegt keine vollkommene Flächentönung vor, insbesondere geht sie bei weitabständigem Linienverlauf verloren, und zweitens geht jenes Prinzip mit der Anschaulichkeit keineswegs immer konform, ja führt sogar oft zu falschen Vorstellungen (vgl. S. 113). Hier und dort ist versucht worden, den Hell-Dunkel-Effekt der Niveaulinienscharung durch einen Schrägbeleuchtungseffekt (schattenplastische Isohypsen) zu verbessern, indem die Schattenhänge mit stärkeren oder die beleuchteten Hänge mit weißen (japanische Kartographie) Linien versehen wurden. Solche Experimente haben sich jedoch nicht durchsetzen können.

Fast völlig mangelt es diesen Darstellungen durch Niveaulinien an der Veranschaulichung der Höhen- und Tiefendifferenzierung (vgl. S. 105 u. 118); sie ist absolut nur auf dem Umweg über die Höhenzahlen und relativ durch das Gewässernetz zu erschließen. Um die Höhenbestimmung zu erleichtern, werden die Niveaulinien in bestimmten Äquidistanzabständen zu Zählkurven erklärt, d. h. durch Strichverstärkung hervorgehoben und mit Höhenzahlen versehen. Aus der Stellung der Zahlen ergibt sich in manchen Kartenwerken ein Anhalt über die Gefällsrichtung des Hanges. In deutschen Karten z. B. steht der Zahlenfuß in Richtung des Gefälles, in Schweizer Karten dagegen werden die Zahlen stets aufrecht gestellt.

Böschungsschraffen. Im Gegensatz zu den Niveaulinien sind die Böschungsschraffen Fallinien, die auf jenen senkrecht stehend gedacht werden können und in Strichform nach bestimmten Regeln im Kartengrundriß abgebildet werden. Diese Regeln leiten sich ab vom schon genannten Prinzip „je steiler desto dunkler". Die Anwendung dieses Prinzips hat einige Berechtigung, wenn bedacht wird, daß bei senkrechter Beleuchtung eine steil gestellte Fläche pro Flächeneinheit weniger Licht erhält als eine horizontale Fläche und dementsprechend dunkler erscheint. Mathematisch genau nimmt die pro Flächeneinheit einfallende Lichtmenge mit dem Kosinus des Böschungswinkels ab

In praxi erweist sich jedoch die lineare Beziehung zwischen Schwärzung und Böschungswinkel als ausreichend; überdies genügt es, die Schwärzungsskala normalerweise bei einer Böschung von 45° enden zu lassen und bei steilerem Relief eine gesonderte Felszeichnung anzuschließen — so in der Karte des Deutschen Reiches 1 : 100 000. In Hochgebirgen dagegen wird die Skala gegebenenfalls bis 60° (Bayern) oder gar 80° (Österreich) erweitert. Bei dieser Verfahrensweise hat die Hell-Dunkel-Abstufung natürlich nur noch von weitem mit der Theorie der Senkrechtbeleuchtung einiges gemein.

Die Abstimmung der Schwärzung auf der Kartenebene erfolgt streng geometrisch, und zwar mit Hilfe eben der Böschungsschraffe bzw. des Verhältnisses ihrer Strichstärke (Schwarzanteil) zum Zwischenraum zweier Schraffen (Weißanteil) bei gleichbleibender Anzahl der Schraffen pro cm Breite. J. G. Lehmann hat für dieses Schwärzungsverhältnis eine zehnteilige Skala ausgearbeitet, der die Böschungswinkel, wie in der Tabelle 10 angegeben, zugeordnet sind. Von Müffling hat später (1821) diese Skala durch Einfügen

Tab. 10: *Zuordnung von Böschungswinkeln und Böschungsschraffen*

Böschungswinkel in °	Schwarz : Weiß	Strichstärke in mm	Strichlängen-verhältnis
0— 5	0 : 9	0,00	1
5—10	1 : 8	0,03	1/2
10—15	2 : 7	0,06	1/3
15—20	3 : 6	0,09	1/4
20—25	4 : 5	0,12	1/5
25—30	5 : 4	0,15	1/6
30—35	6 : 3	0,18	1/7
35—40	7 : 2	0,20	1/8
40—45	8 : 1	0,23	1/9
> 45	9 : 0	0,26	1/10

und Kombination von gepunkteten und gewellten Schraffen auf 13 Stufen bis zur Böschung von 60° erweitert. Da nach der Lehmannschen Skala Böschungen von 1 — 5° in der Darstellung unberücksichtigt bleiben, wurde in der Karte des Deutschen Reiches 1 : 100 000 für diesen Bereich eine kurzgerissene Schraffe eingeführt. In dieser Karte beträgt nach Vorschrift (38 Striche pro cm) die größte Strichstärke 0,26 mm. Auch die Strichlängen stehen in einem bestimmten Verhältnis zueinander und wechseln je nach Äquidistanz und Maßstab. Steile Böschungen werden also durch kurze und dicke Schraffen, flache durch dünne und lange dargestellt. Alles in allem stellt die Methode außerordentlich hohe

Anforderungen sowohl an den Kartenzeichner, an die Reproduktionstechnik als auch an den Kartenbenutzer.

Ein Vorzug der Darstellung in Böschungsschraffen ist zweifellos — soweit es sich um größere Maßstäbe von etwa 1 : 500 000 ab handelt — eine gewisse plastische Wirkung, die durch die starke Betonung des Hell-Dunkel-Effektes erzielt wird. Hoch und Tief müssen nach wie vor allerdings erst auf dem Umweg über das Gewässernetz und die Höhenangaben (teils 50metrige Isohypsen in der Karte des Deutschen Reiches 1 : 100 000) erschlossen werden, jedoch erscheinen die Hänge nicht mehr wie bei der Niveaulinienzeichnung getreppt, sondern sind in ihrem kontinuierlichem Auf und Ab durchaus anschaulich abgebildet. Die Anschaulichkeit ist zwar auch hier nur eine mittelbare, denn die gezeichneten Fallinienstriche sind ja nur Fiktionen, aber die Böschungen sind doch in hinreichend feiner Differenzierung gegeneinander gut abzuschätzen. Es gibt allerdings auch Fälle, wo dies nicht möglich ist bzw. wo sogar Verfälschungen auftreten, dort nämlich, wo die Hänge beiderseits eines Grates gleichmäßig geböscht abfallen. Dann muß alles grau in grau erscheinen, so daß eine Gliederung des Reliefs nicht mehr erkennbar wird. Zur Behebung dieses Mangels wird oft der verfälschende Kunstgriff angewendet, die Schraffen am Grat etwas auseinander zu rücken, so daß ein weißes Trennband entsteht, das aber gleichzeitig eine Verflachung vortäuscht.

Der Vorteil der Anschaulichkeit geht ein klein wenig auf Kosten des Formlinieneffektes, weil die Schraffenmanier zu einer starken Vereinfachung der nur teilweise mitgezeichneten (z. B. 50metrige braune Isohypsen in der Ausgabe B der Karte des Deutschen Reiches 1 : 100 000), im allgemeinen aber nur gedachten Höhenlinien zwingt. Ohne eine solche Generalisierung wäre eine konsequente Anwendung der Strichanordnung dort, wo die Isohypsen etwa spitzwinklig verlaufen oder scharfe Knicke bilden, gar nicht möglich. Hier ergibt sich bereits ein Mißverhältnis zwischen dem ungenauen Effekt und der gewollten mathematischen Exaktheit des Darstellungsprinzips. Dieser Widerspruch zeigt sich noch deutlicher, wenn es um die Meßgenauigkeit geht, denn dem Kartenbenutzer ist es schier unmöglich, Böschungswinkel an Hand der feinen Strichstärken der Schraffen festzustellen. Derartige Messungen können nur grobe Annäherungen sein.

Ein entscheidender Nachteil der Böschungsschraffe aber ist, daß sie mit den vielen Linienelementen der übrigen topographischen Substanz im Kartenbild in Konkurrenz tritt. Vielfach entstehen durch Überschneidungen neue Signaturen, auf jeden Fall macht das Liniengewirr den Karteninhalt unübersichtlich und erschwert seine Lesbarkeit, besonders dort, wo in steilerem Gelände die Strichstärke der Schraffe das Einfügen weiterer Signaturen überhaupt unmöglich macht. In flachhügeligem Gelände dagegen leistet die Böschungsschraffe für die geomorphologische Interpretation durchaus Beachtliches, weil sie bei der Abbildung von Reliefdetails unserer Methode, Ansichten durch Fallinien zu zeichnen, sehr entgegenkommt. Auch in reinen Höhenliniendarstellungen findet sie überall dort Verwendung (Dünen usw.), wo auch die kleinste Äquidistanz der Höhenlinien für die Vorstellung nichts mehr herzugeben vermag.

Wie bereits erwähnt, ist die Gliederung eines Reliefs mit der einfachen Böschungsschraffe nicht immer klar genug wiederzugeben (vgl. S. 113). Das liegt z. B. an der angenommenen Senkrechtbeleuchtung. Wird diese durch eine Schrägbeleuchtung ersetzt, so lassen sich bei Beachtung bestimmter Darstellungsregeln Schatten- und Lichthänge unterscheiden, und die allerdings immer noch auf der mittelbaren Anschaulichkeit beruhende plastische Bildwirkung wird verbessert. Die Schrägbeleuchtung wird im allgemeinen unter einem Einfallswinkel von 30° bis 45° von Nordwesten her angenommen, fast entgegengesetzt also der Sonnenbeleuchtung auf der Nordhalbkugel[1]. Dabei bleiben Dichte, Länge und Anordnung der Böschungsschraffen unverändert, variiert werden lediglich die Strichstärken, und dadurch entsteht aus der Böschungsschraffe bei Senkrechtbeleuchtung diejenige bei Schrägbeleuchtung, kurz *Schattenschraffe* genannt. Die Schraffen der beleuchteten Hänge erhalten im Gegensatz zu denen der Schattenseite eine Skala geringerer Strichstärke, so daß jene heller erscheinen. Die Strichstärkenskalen sind jedoch beide nach wie vor auf dem Prinzip „je steiler desto dunkler" aufgebaut. Es liegt also eine Verbindung zwischen dieser Darstellungsmethode und den Lichteffekten durch Schrägbeleuchtung (ohne Schlagschatten) vor. Diese Kombination führt jedoch zu einem Paradoxon. Auf der nicht beleuchteten Seite stimmen die Verhältnisse, auf der beleuchteten aber müßten eigentlich gemäß der Schrägbeleuchtung die steileren Böschungen heller dargestellt werden als die flacheren. Das angewandte Prinzip „je steiler desto dunkler" steht dem jedoch entgegen, so daß schließlich die weniger beleuchteten ebenen Teile des Kartenbildes heller erscheinen als die steileren Hänge, auf denen die Beleuchtungsrichtung senkrecht steht. Der Wechsel der Lichteinfallswinkel am Hang bleibt also unberücksichtigt, was auch dazu führt, daß die graphische Darstellung der schräg zur oder in der Beleuchtungsrichtung verlaufenden Hänge nicht variiert werden kann. In gewissen Grenzen ist dieser letztgenannte Mangel jedoch durch eine Drehung der Beleuchtungsrichtung nach Westen oder Norden korrigierbar. Das erwähnte Paradoxon bleibt jedoch bestehen, und so wird — unter Erhaltung aller sonstigen Vor- und Nachteile der Böschungs-

---

[1] Die Frage, aus welchen Gründen die Nordwest-Beleuchtung den richtigeren plastischen Eindruck hervorruft als eine Südbeleuchtung, die unter Umständen die optische Wirkung einer Reliefumkehr haben kann, hängt offenbar mit der beim Schreiben und Zeichnen gewohnten Beleuchtung von links oben zusammen. Auf diese Frage kann hier nicht näher eingegangen werden.

schraffe allgemein — die Verbesserung der Abbildung durch Schattenschraffen dadurch erkauft, daß die Böschungswinkel von Licht- und Schattenhängen untereinander optisch nicht mehr vergleichbar sind und wegen der Darstellungskombination die beleuchteten Hänge immer flacher erscheinen als die im Schatten liegenden. Gleichzeitig nimmt auch die Möglichkeit ab, Böschungswinkel zu messen.

Im Gegensatz zur Reliefdarstellung in Böschungsschraffen, die als „Deutsche Methode" (Karte des Deutschen Reiches 1 : 100 000) bezeichnet wird, heißt die Darstellung in Schattenschraffen „Französische Methode", so benannt nach DUFOUR, dem Schöpfer der als Meisterwerk bekannten amtlichen Schweizer Landeskarte 1 : 100 000. Die Reliefdarstellung in Schraffen gehört heute der Vergangenheit an[1], nicht nur weil sie die erwähnten Nachteile aufweist — solche sind überhaupt nicht zu vermeiden —, sondern weil sie nicht mehr rationell ist. Soll sie ansprechen, so setzt sie Kupferstich und Kupfertiefdruck voraus, Verfahren also, die dem Grundsatz der Wirtschaftlichkeit entgegenstehen. Es darf darüber aber niemals vergessen werden, daß der Weg zur modernen Kartentechnik einmal ungeachtet dieses Grundsatzes über solche kartographischen Spitzenleistungen geführt hat.

Flächentönung. Die bisher behandelten Abbildungsmethoden des Reliefs beruhen ausschließlich auf der Verwendung von Linie und Strich. Mit ihnen wurde versucht, unter strenger Beibehaltung der Reliefgeometrie doch auch eine gewisse Formenplastik zu erzielen, und zwar vor allem mit Hilfe des sogenannten Hell-Dunkel-Effektes. Es leuchtet ein, daß dieser Effekt leichter und eindrucksvoller gewonnen werden kann, wenn die dafür unzulänglichen graphischen Mittel durch die Flächentönung ersetzt werden. Ebenso klar ist dann auf der anderen Seite, daß damit das strenge Festhalten an der Geländegeometrie zugunsten einer besseren Anschaulichkeit aufgegeben werden muß.

Grundsätzlich ist die Grau- bzw. Hell-Dunkel-Tönung von der Farbtönung des Kartenbildes zu unterscheiden, obwohl sie nach der Farbenlehre einem Farbkörper angehören (vgl. S. 152). Die Grautönung — auch als Schummerung bezeichnet — ist einfach eine Weiterentwicklung der oben besprochenen Schraffen und kann in der gleichen Weise angewendet werden. So entsteht zunächst aus der Böschungsschraffe die *Böschungsschummerung* nach dem Prinzip „je steiler desto dunkler". Hinsichtlich ihrer Eigenschaften sind beide Darstellungsmethoden jedoch nicht generell vergleichbar, sondern unterscheiden sich in einigen wesentlichen Punkten. Einerseits erlaubt das linienentwirrte und damit ruhigere Kartenbild störungsfreier die Eintragung anderer topographischer Signaturen; andererseits jedoch verlieren die

---

[1] Die Reliefdarstellung in der neuen deutschen Topographischen Karte 1 : 100 000 mit UTM-Gitter ist eine reine Höhenliniendarstellung.

Böschungsrelationen an Genauigkeit, weil die Tonskala wertmäßig nicht einwandfrei festlegbar ist und Gefällsrichtungen nicht erkennbar sind. Diesem Mangel allerdings ist durch das weitgehend störungsfreie Miteinzeichnen der Isohypsen bis zu einem gewissen Grade abzuhelfen. Formenplastisch wird mit dieser Darstellungsmethode jedoch kein wesentlicher Fortschritt erzielt, so daß ihr Anwendungsbereich nur beschränkt geblieben ist (Teile der Übersichtskarte von Mitteleuropa 1 : 300 000, braune Schummerung ohne Höhenlinien; Übersichtskarte von Europa und Vorderasien 1 : 800 000, braune Schummerung).

Aus der Schattenschraffe ist die *Schattenschummerung* (auch kombinierte Schattierung genannt) hervorgegangen. Sie verbindet wie jene das Prinzip „je steiler desto dunkler" mit den Schatteneffekten der Schrägbeleuchtung. Auch hier wirkt sich die Linien- und Strichentwirrung durch Flächentönung für weitere Eintragungen vorteilhaft aus, nachteilig aber wiederum, die Böschungsverhältnisse nicht exakt erfassen zu können. Die Formenplastik gewinnt gegenüber der Schattenschraffe nicht viel an Wirkung, zumal das graphische Paradoxon (vgl. S. 114) infolge der beibehaltenen Kombination zweier am Lichthang nicht übereinstimmend wirkender Hell-Dunkel-Effekte keineswegs verschwindet. Daher entsteht auch hier der Eindruck der steilen Schatten- zu den flachen Lichthängen. Dennoch ist die plastische Wirkung gut, so daß die Schattenschummerung vor allem in der Schweizer Reliefkartographie Verwendung fand, und zwar in Anlehnung an die Dufour-Karte.

Eine bedeutsame Verbesserung erfährt die Reliefdarstellung durch die Weiterentwicklung der Schattenschummerung bzw. kombinierten Schattierung mit dem Verzicht auf das Prinzip „je steiler desto dunkler". Die Schrägbeleuchtung aus Nordwesten aus Gründen einer erwünschten Schattentransparenz — am besten unter der Annahme diffusen Lichtes — mit der Möglichkeit einer leichten und den Einzelheiten der Formen jeweils angepaßten Drehung der Beleuchtungsrichtung wird als einzige Grundlage der Flächentönung beibehalten. E. IMHOF hat dafür die folgende Richtlinie formuliert: Die Lichtrichtung sei so zu wählen, daß auf der Reliefoberfläche eine möglichst günstige, reich differenzierte Gliederung von Hell und Dunkel entsteht. Es hat also nunmehr allein die Regel Geltung „je lichtabgewandter desto dunkler". Damit ist das Paradoxon ausgeschaltet, und es kann die Abtönung des Kartenbildes mit Hilfe von Licht- und Schatteneffekten — unter Ausschaltung des Schlagschattens natürlich — so vorgenommen werden, wie sie der Wirklichkeit annähernd entsprechen. Dieses Abbildungsverfahren wurde unter der Bezeichnung Schattierung bei Schrägbeleuchtung oder einfach *Schräglichtschattierung* bekannt. Da die Lichteinfallswinkel allein die Schattierung dirigieren, erhalten nunmehr die ebenen Flächen einen Halbton und stehen somit zu den helleren Tönen der Lichthänge im richtigen Hell-Dunkel-Verhältnis. Mit zunehmender Steilheit werden die Lichthänge heller, die Schattenhänge dagegen nach wie vor dunkler, wodurch die Verfälschung der Profile entfällt. Zudem wird beim Übergang vom Halbton der ebenen Flächen zu den Hell-Dunkel-Kontrasten der Berghänge eine gewisse luftperspektivische Wirkung erzielt (vgl. S. 122) insofern, als die im allgemeinen tiefer gelegenen Ebenen kontrastärmer erscheinen als die höheren Bergpartien. Aus Erfahrung verbindet das Auge damit: kontrastreich = nah bzw. hoch und kontrastarm = fern bzw. tief. Diese visuelle Stütze erhöht zweifellos das plastische Erfassen des Reliefs und verhindert bis zu einem gewissen Grade die optische Täuschung der Reliefumkehr. Wichtig sind darüber hinaus die Übergänge zwischen Hell und Dunkel im Reliefdetail, d. h. zwischen dem vertikalen Auf und Ab sowie den horizontalen Ein- und Ausbuchtungen des Reliefs. An diesen Stellen wird der wirksame Formeneffekt erst eigentlich geschaffen, aber die Bewältigung solcher Feinheiten setzt bereits ein künstlerisches Sehen voraus, wenigstens aber doch durch viel Übung angeeignete Fertigkeit.

Wenn das Ergebnis der Schräglichtschattierung auch eine Formenplastik ist, die der unmittelbaren Anschaulichkeit schon sehr nahe kommt, so dürfen doch auch ihre Nachteile nicht übersehen werden. Sie bestehen darin, daß absolute Höhenunterschiede nicht auszumachen, gleiche Böschungen nicht und die natürlichen Gefällsrichtungen unter Umständen nicht zu erkennen sind. Darüber hinaus kann es hier und da durch die Variierbarkeit der Beleuchtungsrichtung zu Formenverfälschungen oder sogar doch zum Effekt der Reliefumkehr kommen. Alle diese Mängel lassen sich jedoch entscheidend mildern, wenn die Geometrie des Geländes nicht ganz vernachlässigt und die Schräglichtschattierung mit der Höhenliniendarstellung gekoppelt wird. Letzten Endes kann die Schräglichtschattierung die Höhenlinien gar nicht entbehren, denn sie ist für jene das notwendige und gar nicht zu missende Grundgerüst. Erst aus ihrem Verlauf (Formlinieneffekt) und ihrer Scharung (Hell-Dunkel-Effekt) ergeben sich die Anhaltspunkte für die formengerechte Schattierung. Hier schließt sich also der Kreis zwischen der geometrischen und der bildhaften Darstellung. Die eine kann auf die andere nicht verzichten, wenn die auf S. 105 formulierten Thesen erfüllt werden sollen.

In keinem der bisher besprochenen Darstellungsverfahren ist es möglich, Hoch und Tief des Reliefs einwandfrei zu erfassen, geschweige denn unmittelbar zu sehen; sie sind nur mittelbar zu erschließen. Während dem Hell-Dunkel-Effekt die Herausarbeitung der Formenplastik auf Grund der Böschungs- und Licht-Schattenverhältnisse zufällt, ist es nun die Aufgabe der

Farbtönung, eine klare Vorstellung von der Höhen- und Tiefengliederung zu vermitteln. Die Vielfalt der Farbenwelt bietet hierfür eine große Zahl von Möglichkeiten an, jedoch nur wenige davon haben sich durchgesetzt. Grundlage einer jeden Vertikalgliederung ist wiederum das Niveaulinienbild, dessen einzelne Schichten nach bestimmten Regeln verschiedenfarbig angelegt werden.

Eine solche Regel kann zunächst allein darin gesehen werden — und das ist auch der geschichtliche Werdegang — einfach Farbkontraste herauszuarbeiten, was dazu führt, daß zwar die einzelnen Höhenschichten voneinander unterscheidbar sind, daß aber damit noch keine Aussage über das Höher oder Tiefer gemacht wird. Das kann erst geschehen, wenn in die anzuwendende Regel eine Farbskala mit aufgenommen wird, in der sich die Farben nach bestimmten Gesichtspunkten ordnen. Als eine solche Ordnung wird im allgemeinen die Spektralreihe mit allen ihren Nuancierungen der einzelnen Farben anerkannt (vgl. S. 145). Mit ihr erst wird es möglich, die Höhenstufen farbfolgekonsequent anzulegen und nach Vereinbarung des Höher bzw. Tiefer in der Farbfolge die Höhengliederung zu erkennen. Dabei kommt es gar nicht so sehr auf scharfe Farbkontraste an. Im Gegenteil, werden sie betont, so hebt sich die ohnehin durch die Niveauliniendarstellung schon gegebene Treppung des Reliefs noch stärker heraus; gehen die Farben aber kontinuierlich ineinander über, so wird der Eindruck einer Hangböschung unterstützt. Gegangen wird zumeist der Mittelweg, also der Bevorzugung mehr oder weniger milder Kontraste.

Ein breiter Raum ist nun natürlich auch der Vereinbarung über das Höher bzw. Tiefer in der Farbfolge überlassen. E. IMHOF (1965) behandelt 13 verschiedene Farbskalentypen. Dennoch sind nur wenige Darstellungsgrundsätze gültig geblieben. In Anlehnung an das Prinzip „je steiler desto dunkler" ist auch für die Höhengliederung der ähnliche Grundsatz anwendbar „je höher desto dunkler" oder auch umgekehrt „je höher desto heller" (SYDOW). Beides wurde versucht, und zwar innerhalb einer Farbgruppe, etwa Braun, oder auch mehrerer benachbarter Farbtöne (Gelb, Ocker, Braun). Ein Erfolg ist diesen Farbabstufungen jedoch nicht beschieden gewesen. Durchgesetzt haben sich heute im wesentlichen zwei jenes Prinzip durchbrechende Farbfolgen: die „konventionellen Farbstufen" und die „luftperspektivische Höhenstufung" nach E. IMHOF.

Die *konventionellen Farbstufen* durchlaufen fast das ganze Spektrum von Blau über Grün, Gelb bis zum Braun-Rot und werden im allgemeinen in folgender Weise den einzelnen Höhen- bzw. Tiefenstufen zugeordnet:

Im Unterschied zu einer normalen Niveauliniendarstellung (vgl. S. 106) sind nur die Stufen der Tiefen mit Ausnahme der ersten (Schelf) äquidistant

Tab. 11: *Die konventionellen Farbstufen in der Zuordnung zu den einzelnen Höhen- und Tiefenstufen*

Farbe	Höhenstufe	Farbe	Tiefenstufe
Blaugrün	0— 100 m	Hellblau	0— 200 m
Gelbgrün	100— 200 m		200—2000 m
Gelb	200— 500 m		2000—4000 m
Hellbraun	500—1000 m		4000—6000 m
Braun	1000—2000 m		6000—8000 m
Rotbraun	2000—4000 m	Tiefblau	8000 m
Braunrot	4000 m		

gehalten, die der Höhen dagegen wachsen progressiv an. Das hat seinen Grund in der Absicht, die von Menschen bewohnten bzw. benutzten Lebensräume differenzierter und damit übersichtlicher zu untergliedern. Die Progressionen sind aber nicht einheitlich (wie in Tab. 11 angegeben) für die verschiedenen Kartenwerke und die verschiedenen Maßstäbe. Sie können sogar innerhalb eines Kartenwerkes regional variiert werden, dann nämlich, wenn es dem Autor bei bestimmten Ausschnitten der Erdoberfläche auf andere oder feinere Höhengliederungen ankommt. Solche Verfahrensweise ist natürlich dem Vergleich hinderlich und sollte wenigstens bei gleichen Maßstäben tunlichst vermieden werden.

Die konventionelle Farbabstufung ist in der deutschen Kartographie im allgemeinen den Kartenwerken kleinerer Maßstäbe vorbehalten (ab 1 : 1 000 000, Wand- und Atlaskarten). Einige wenige Ausnahmen finden sich in manchen Atlanten als Ausschnittskarten. Diese Farbabstufung wird aber niemals allein verwendet, sondern stets in Verbindung mit anderen, schon behandelten Abbildungsverfahren des Reliefs. Die einfachste Kombination liegt vor bei der von A. PENCK erstmalig im Jahre 1891 und endgültig auf dem VII. Internationalen Geographenkongreß in Berlin (1899) angeregten Internationalen Weltkarte 1 : 1 Mill. (IWK) wie auch bei Erdkarten kleinen Maßstabes der Schulatlanten. Hier sind die Flächen zwischen den Niveaulinien der zugrunde gelegten Höhenstufenfolge farbig angelegt. Sie sind in sich ungegliedert, und ihre Farbflächen werden von den dazugehörigen Niveaulinien begrenzt. Es entsteht also eine ausgesprochene Höhenschichtenkarte, eine Geländetreppe, die die Böschungs- und Formenverhältnisse im einzelnen unterdrückt und sie im großen nur ahnen läßt.

Seit 1962 ist die Farbskala der IWK geändert worden. Auf der Bonner „United Nations Technical Conference on the International Map of the World on the Millionth Scale" wurde folgende Farbtonfolge beschlossen: Grün, Hellgrün, Hellgelb, Gelb, Rosa oder Chamois, Violett, Hellviolett,

Weiß. Diese Folge hat den Vorteil der kräftigeren Farbtonkontraste und damit der besseren Unterscheidbarkeit der Farbflächen untereinander, aber den schwerwiegenden Nachteil der farbvisuellen Inkonsequenz, denn das Ungleichmaß der Intensitätsabfolge der Farbtöne entspricht in keiner Weise dem progressiven Anwachsen der Höhenstufenfolge (vgl. S. 119).

Die zweite gebräuchliche Kombination (ältere Ausgaben des Diercke Weltatlas) ist die Reliefdarstellung durch farbige Höhenschichten und braune Bergstriche (Gebirgsschraffen). Diese sind eine Mischform von Böschungs- und Schattenschraffen, für die jedoch die früher aufgestellte Regelhaftigkeit nur noch bedingt zutrifft. Zwar bleibt die Schraffendichte unveränderlich, und Licht- und Schattenhänge werden durch unterschiedliche Strichstärken verdeutlicht, jedoch ist andererseits im Anwendungsbereich der Bergstriche wegen der zu kleinen Maßstäbe und des hohen Generalisierungsgrades das Prinzip „je steiler desto dunkler" nicht einzuhalten, so daß eine böschungstreue Darstellung entfällt. Ebensowenig ist eine eindeutige Relation zwischen Schraffe und Höhenlinie möglich. So ist die Darstellung in Gebirgsschraffen im Grunde genommen nur eine den Schattenschraffen ähnliche Fallliniendarstellung, mit deren Hilfe nur Reliefgroßformen grob angedeutet werden können. In diesen Karten entfällt zumeist die Niveaulinienzeichnung an den Grenzen der Höhen- und Tiefenschichten, so daß die Farbflächen unmittelbar aneinanderstoßen. Das bedeutet eine optische Milderung der Farbkontraste und damit auch eine gewisse Befreiung vom Eindruck einer Geländetreppe. Die zusätzliche Reliefdarstellung mit Schraffen wird nun ganz unabhängig von den farbigen Höhenschichten gehandhabt. Die Hauptaufgabe der Schraffen ist es, die sonst völlig eben wirkenden Farbflächen gemäß ihrer wirklichen Reliefstruktur zu untergliedern. Dabei kann es passieren, daß Flächengrenzen und Böschungsschraffen zusammenfallen und damit unter Umständen der falsche Eindruck einer ausgesprochenen Geländeterrassierung erweckt wird. Im übrigen bewirkt aber diese Kombination in allen Höhenlagen eine klare Scheidung von stark reliefiertem und ebenem Gelände und auch an den Übergängen, soweit der Maßstab es zuläßt. Sie erlaubt also ein Groburteil sowohl über „steil und flach" als auch über „hoch und tief", vermittelt aber noch kein unmittelbar anschauliches Bild vom Relief im Imhofschen Sinne. Jedoch sind die Bergstriche oder Gebirgsschraffen bis zu einem gewissen Grade geeignet, die Nachteile einer reinen Höhenschichtendarstellung herabzumindern. Auch ohne farbige Höhenschichten sind sie auf Grund guter technischer Ausführung vorteilhaft verwendet worden im „Handatlas von Stieler" und in „Vogels Karte des Deutschen Reiches 1 : 500 000", den klassischen Beispielen der reinen Bergstrichmanier.

Der unmittelbar anschaulichen Reliefplastik und auch den geometrischen Belangen entgegenkommend ist die Kombination zwischen Höhenschichten und Schräglichtschattierung (vgl. S. 116), verbunden mit der Niveauliniendarstellung (LAUTENSACH, *Atlas zur Erdkunde*). Diese sind in ihrem Anwendungsbereich — im allgemeinen der Atlasmaßstäbe — im Grunde genommen nur noch als generalisierte Höhenlinien zu verstehen und eventuell als Höhenstufen- oder Höhenschichtlinien zu bezeichnen. Sie begrenzen nicht nur die farbigen Höhenschichten, sondern erscheinen — das Grundgerüst der Karte bildend — als vorteilhafte und anhaltgebende Unterbrecher der unterschiedlichen Farbflächen, wenn die Farbkontraste klein und die Linien sehr fein und zart gehalten sind. Wesentlich ist aber die je nach Maßstab mehr oder weniger detaillierte Aufgliederung der einzelnen Höhenschichten durch die Schräglichtschattierung. Damit werden ähnliche Effekte erzielt, wie soeben bei der zweiten Kombination beschrieben. Mit ihrer formenplastischen Wirkung verbindet die Schräglichtschattierung aber bereits in relativ gut gelungener Weise die Höhengliederung mit einer bildhaften Reliefdarstellung. Lediglich die Abtönung der Hänge in brauner Farbe — in einer ähnlichen Farbe also, mit der die oberen Höhenschichten angelegt werden — verhindert oft das Erkennen des Ineinandergreifens von Höhenschichtenfarben und Böschungsfarben, weil sie sich nicht immer eindeutig trennen lassen. Einerseits können zufällig die lichtbraunen Töne der beleuchteten Hänge mit dem Braun einer Höhenschicht übereinstimmen, andererseits verleiten die dunkelbraunen Töne der Schattenhänge dazu, in ihnen die obersten Höhenschichten zu sehen. Damit wird das Erkennen der Höhenabstufung etwas erschwert, wenn auch nur in den höchsten Gebirgspartien.

Diese Kombination von farbigen Höhenschichten und Schräglichtschattierung — allerdings ohne Höhenlinien — findet auch in den Wenschow-Karten Verwendung. Ihnen liegt ein Herstellungsverfahren zugrunde, das trotz gleicher Kombination zu einem etwas anderen bildhaften Ausdruck führt. Während in herkömmlicher Weise die Schräglichtschattierung manuell und individuell unmittelbar auf einem Zeichenträger durchgeführt wird, gewinnt das Wenschow-Verfahren die Schattenplastik über ein Reliefmodell, das auf der Grundlage von Niveaulinienkarten aus einem Gipsblock herausgefräst, modelliert und unter einer besonderen Beleuchtungsanordnung photographiert wird. Dadurch wird eine andere, besonders an den Übergängen weichere, jedoch sonst etwas starr wirkende und — vor allem in kleinen Maßstäben — viele Details verwischende Schattenplastik erzielt, die der konventionellen Farbstufung lediglich aufliegt.

Einen entscheidenden Schritt in Richtung auf eine bildhafte, unmittelbar anschauliche Reliefwiedergabe in der Karte hat der Schweizer Kartograph

E. Imhof gemacht. Die übliche Schräglichtschattierung auf der Grundlage der Niveauliniendarstellung beibehaltend, erkannte er mit künstlerischem Empfinden, daß dieser Schritt nur durch eine Änderung der Farbskala für die Höhenstufengliederung getan werden kann. Er ersetzte die konventionelle durch die *luftperspektivische Farbskala* und verband damit das erreichte Optimum der Schattenplastik mit dem Höchstmaß der Farbechtheit in der Höhengliederung. Die Überlegung geht von der Beobachtung aus, daß die Landschaftsfarben in der Nähe des Beobachters stets heller als in der Ferne sind und daß sie infolge der Lufttrübung mit wachsender Entfernung in ein graues Grünblau übergehen. Gleichzeitig erscheinen die Objektkontraste in der Nähe scharf, in der Ferne aber verschwommen. Diese luftperspektivische Erscheinung gilt auch für Höhe und Tiefe, denn sie bedeuten für den Beobachter von oben das gleiche wie Nähe und Ferne. So beginnen die Farbskalen E. Imhofs — es handelt sich hier zwangsläufig um zwei Farbskalen — mit einem grauen Grünblau in der Tiefe und die eine läuft stufenfrei über Blaugrün, Grün, Gelbgrün, Gelb bis ins rötliche Gelb in der Höhe. Diese Skala gilt für die Lichthänge; für die Schattenhänge beginnt sie mit dem gleichen grauen Grünblau in der Tiefe und wird nach der Höhe zu leicht zum Blauviolett abgewandelt. Umgekehrt wie bei der konventionellen Farbtonfolge werden also hier die Farben nach der Höhe zu heller, wodurch der Mangel der Braunfolge behoben wird, daß nämlich Höhenschichtenfarben und Schattenfarbtöne sich decken bzw. sich nicht immer trennen lassen (vgl. S. 121). Gleichzeitig wird erreicht, daß infolge der zunehmenden Farbkontraste nach oben (rötliches Gelb gegen bläuliches Violett) die wirklich vorhandene Trennschärfe zwischen Licht und Schatten zunimmt und infolgedessen die Reliefschattierung klarer erscheint. Schließlich findet die Entsprechung zwischen Objekt und Abbildung strengste Beachtung insofern, als sowohl die Intensitätsabfolge der Farbtönung wie auch die fließenden Übergänge innerhalb der Farbtönung der Wirklichkeit entsprechen (vgl. Tab. 12, Leitsatz S. 159). Mit dieser Lösung der Reliefabbildung sind die Forderungen nach geometrischer Erfaßbarkeit, unmittelbarer Anschaulichkeit, landschaftlicher Realität und charakteristischer Formentreue (vgl. S. 105) offensichtlich erfüllt. Das ist gleichbedeutend mit graphischer Schönheit, denn mit ihr — so sagt Imhof — sind „höchste Anschaulichkeit, höchste Ausdruckskraft, Ausgewogenheit und Einfachheit identisch" (1956, S. 165). Er selbst hat dies mit seinen kartographischen Schöpfungen in der Schweiz (Mittelschulatlas und viele Kantonskarten) bewiesen.

Alle hier erörterten Abbildungsverfahren des Reliefs sind nur sinnvoll, wenn eine Obergrenze der Böschungswinkel nicht überschritten werden muß. Diese Obergrenze liegt ungefähr bei 60°. Steilere Böschungen, insbesondere

Felsformen lassen auf Grund der exakten photogrammetrischen Vermessung die Höhenliniendarstellung zwar durchaus zu, jedoch kommt es dabei infolge der nicht beliebig fein zu zeichnenden und zu druckenden Linien (Grenze 0,05 mm) zu einem Liniengewirr, aus welchem das Auge eine bildhafte Vorstellung nicht mehr zu gewinnen vermag. Dennoch liegen solche Darstellungsversuche vor, die aber alle mehr oder weniger den Nachteil haben, daß diese oder jene Regel der Höhenliniendarstellung außer Kraft gesetzt werden muß. Entweder muß die Äquidistanz vergrößert oder der Horizontalabstand der Linien erweitert oder Linien müssen an bestimmten Stellen ausgesetzt werden. Darunter leidet entweder die Vergleichbarkeit oder die Vorstellung von den tatsächlichen Böschungsverhältnissen oder ihre Reliefvorstellung überhaupt. Hinzu kommt das Dilemma, daß mit wachsender Versteilung des Reliefs die Formenaufgliederung im Fels immer differenzierter wird. Wachsende Versteilung aber verlangt nach Vergrößerung der Äquidistanz, zunehmende Formenaufgliederung dagegen nach deren Verkleinerung. Beide Bedingungen können nicht gleichzeitig erfüllt werden. Daher werden schroffe Reliefpartien am besten mit Hilfe der sogenannten Felszeichnung veranschaulicht.

In der Felszeichnung kommt die Schattenschraffe in der Form der Felsschraffe wieder zu Ehren. *Felsschraffen* sind keineswegs irgendwelche unmotivierten Striche, mit deren Hilfe schroffes Felsrelief zu veranschaulichen wäre; sie sind auch nicht nur Gerippelinien wie Kanten, Risse, Ränder, Fugen, Kämme usw., die bei der Ansicht einer Felspartie besonders ins Auge fallen. Sie unterliegen vielmehr auf Grund ihres beabsichtigten Veranschaulichungseffektes hinsichtlich ihrer Anordnung, ihrer Strichstärke, ihrer Strichdichte und ihrer Richtung einer gewissen Regelhaftigkeit, wenngleich hier nun der künstlerischen Begabung und der technischen Fähigkeit des Kartographen ein breiter Gestaltungsspielraum überlassen wird und auch überlassen werden muß. Die Felsschraffenzeichnung entsteht auf dem Hintergrund des Höhenlinienbildes, des Gerippeskeletts und der Schattentönung. Sie alle sind Leitelemente, sie sind aber nicht erzeugende Bestandteile des Bildausdrucks. Sie haben deshalb nur der feinstgezeichnete Hintergrund zu sein, während der Schraffe in erster Linie die Aufgabe zukommt, das Relief zu veranschaulichen. Dabei übernimmt sie im Grunde genommen die Funktion der Schattentönung, d. h. diese wird durch die Schattenschraffe nach den Gesetzen der Schräglichtschattierung sowie der luftperspektivischen Kontrastierung ersetzt (vgl. S. 116 u. 122), wobei die schattenplastische Wirkung, wie bei den Böschungsschraffen auch, nicht durch die Veränderung der Strichdichte, sondern der Strichstärke erzielt wird. Die Ersetzung erfolgt aus gutem Grund, denn nur mit Hilfe der Strichzeichnung ist es möglich, die charakteristische Detailgliederung der Felshänge nachzuvollziehen und die Typen der Struktur- und Skulpturformen bildlich zu akzentuieren. Ob und wo Fallinienstriche oder Horizontalstriche anzuwenden sind, das entscheidet letztlich nicht nur die bloße aus der Seitenansicht umgedachte Lotrechtansicht des Reliefs, sondern auch die Formentypenanalyse. An diesem Punkt wird sehr deutlich, daß der Kartograph nicht verzichten kann und darf auf die Beherrschung des darzustellenden Stoffes. Und wenn die Landeskarten der Schweiz sowie die Karten des Deutschen und Österreichischen Alpenvereins in bezug auf die Darstellung von Hochgebirgsreliefs Weltruf erlangt haben, so ist das nicht zuletzt auf diese glückliche Verbindung von hervorragendem kartographischem Können und eben solchen geographischen, speziell morphologischen Kenntnissen zurückzuführen.

Die graphische Darstellung der übrigen topographischen Erscheinungen. Hierbei handelt es sich um die Abbildung eines Teiles der topographischen Substanz, der neben dem Relief für die allgemeine Orientierung Wesensmerkmale liefert (vgl. S. 97). Der Begriff „Wesensmerkmale" schließt eine gewisse Variationsbreite in der Bestimmung der topographischen Elemente ein und zwar in sachlicher wie in regionaler Hinsicht. „Wesensmerkmal" kann heißen: wirtschaftlich, politisch, strategisch, kulturell bedeutungsvoll und daher darstellungswürdig; es kann aber auch heißen: für Grönland, für die Sahara, für Mitteleuropa bedeutungsvoll und deshalb darstellungswürdig. Auf jeden Fall sind nicht einheitliche Gesichtspunkte — etwa die Abmessung der Objekte allein — bestimmend, und mit den Auswahlkriterien können die darstellungswürdigen topographischen Elemente von Kartenwerk zu Kartenwerk wie auch von Maßstab zu Maßstab nach Anzahl und Art wechseln. Der Spielraum dieses Wechsels ist praktisch allerdings nicht allzu groß, so daß die topographischen Karteninhalte ganz allgemein sich nur in Einzelheiten voneinander unterscheiden.

Die graphische Darstellung der topographischen Substanz erfolgt im allgemeinen durch Signaturen, wenn von der grundrißtreuen Abbildung von Bauten in größten Maßstäben bis 1 : 5000 abgesehen wird. Aber auch eine solche läßt sich durchaus noch mit dem Begriff der Signatur vereinbaren. Es gibt nach IMHOF zwei Signaturengruppen, die folgendermaßen zu gliedern sind (vgl. Punkt 7 der neuen Richtlinien zur IWK und BOSSE 1962, S. 174).

	Objektsignaturen	Eigenschaftssignaturen
Lokale Signaturen	Kirchen	Aussichtspunkte
Lineare Signaturen	Flüsse	Grenzen
Flächenhafte Signaturen	Wälder	Grundbesitzeinheiten

Da nur Signaturen verwendet werden, besteht hier offenbar nicht wie bei der Reliefdarstellung das graphische Ziel der unmittelbaren Anschaulichkeit. Es besteht aber wohl das Ziel der Grundrißähnlichkeit und der optischen Verwandtschaft zwischen Signatur und Objekt, die den Kartenbenutzer über eine Gedankenassoziation zwangsläufig von der Signatur zum gemeinten Objekt führen soll, ohne die im allgemeinen beigegebene Legende (Zeichenschlüssel) auswendig gelernt zu haben. Teils werden deshalb Symbole benutzt. Auch Anordnung und eventuelle Linienführung der Signaturen sollen stets so wirklichkeitsähnlich sein, daß ohne Umstände auf die entsprechenden Objekte geschlossen werden kann. So muß z. B. die Gehöftanordnung eine bestimmte Siedlungsform erkennen lassen, oder die Linienführungen von Bahnen, Straßen, Flüssen, Kanälen usw. müssen sich in so charakteristischer Weise voneinander unterscheiden lassen, daß sie auch ohne spezifische Signaturen als die gemeinten Erscheinungen erkennbar werden.

Das wichtigste Objekt der Topographischen Karte ist zweifellos das natürliche Gewässernetz (einschließlich Seen, Teiche, Bäche, Gräben), das sich seiner Natur nach — anthropogene Kunstbauten z. T. ausgenommen — in das Relief einschmiegt und dessen in der Abbildung erwünschte Formenplastik weitgehend unterstützt. Wichtiger ist seine orientierende Funktion, denn von der naturgerechten Abbildung des Gewässernetzes hängt in hohem Maße die Lagerichtigkeit aller übrigen topographischen Elemente ab. Aus diesem Grunde vor allem ist im Rahmen des Maßstabes peinlichste Genauigkeit bei der Linienführung von Flußwindungen zu beachten. Grundsätzlich werden Bäche und Flüsse in blauer, teils auch schwarzer Liniensignatur dargestellt, deren Strichstärke von der Quelle bis zur Mündung stetig zunimmt. Dieser Grundsatz ist aber dort zu durchbrechen, wo die Natur Ausnahmen vorschreibt (Verwilderung, seenartige Erweiterung usw.). Ebenso sind Haupt- und Nebenflüsse durch die Strichstärken zu unterscheiden. Wo der Maßstab es zuläßt und die Flußbreite es erfordert, wird die Doppellinie eingeführt. Breitere Flußbänder, seenartige Erweiterungen, wie überhaupt Seen, werden zumeist blau getönt und entweder mit einem uferparallelen Linienraster oder mit relativen Tiefenlinien versehen.

Zum Gewässernetz rechnet eine Reihe von besonderen Einzelobjekten, z. B. auch die Küstenlinie, bis zu der das Wasser regelmäßig vordringt. Sie wird im allgemeinen durch eine blaue Linie besonderer Strichstärke, durch Land-, Wasser-Farbkontraste oder auch Raster kenntlich gemacht. Beginn der Schiffbarkeit, Wasserfälle, Stromschnellen haben besondere Signaturen. Dazu kommen dann die vielen künstlichen Anlagen wie Kanäle, Staustufen, Schleusen, Brücken, Fähren, Landungs- und Hafenanlagen, deren Signaturen — teils sind es Symbole (Anker) — der jeweiligen Kartenlegende zu entnehmen sind.

Gleichfalls mit linearen Signaturen wird das Landverkehrsnetz dargestellt. Es wird unterschieden zwischen Bahnen, Straßen und Wegen, die ihrerseits wieder nach den verschiedensten, durchaus nicht einheitlichen Gesichtspunkten klassifiziert werden. Auch die graphischen Darstellungen in den gebräuchlichen Kartenwerken sind keineswegs einheitlich. Die Bahnen sind in den amtlichen deutschen Karten je nach Gleiszahl, Spurweite und Bedeutung in sieben Klassen eingeteilt (vgl. Legenden der Amtlichen Kartenwerke), deren Zahl mit kleiner werdendem Maßstab allerdings reduziert wird. Eine Vereinfachung dieser Einteilung nur in Haupt-, Neben- und Kleinbahnen bzw. in vollspurige mehrgleisige, vollspurige eingleisige und Spezialbahnen ist bei neueren Kartenwerken (1 : 100 000) beabsichtigt und wird in der Topographischen Karte 1 : 50 000 durchgeführt. Die graphische Darstellung bedient sich bei größeren Maßstäben der parallelen schwarzen Doppellinie — bei kleineren Maßstäben der mehr oder weniger breiten einfachen Linie (Straßen-, Wirtschafts-, Seil- und Schwebebahnen nur einfache Linien) —, die in Anlehnung an die Schwellen einer Gleisanlage in bestimmten gleichen Abständen mit Querstrichen oder mit schwarz ausgefüllten Rechtecken versehen ist. Die Klassifizierung der Straßen in Autobahnen, Reichs-, jetzt Bundesstraßen, IA- und IB-Straßen, IIA- und IIB-Wege sowie Feld-, Wald- und Fußwege ist nicht weniger kompliziert. Sie wirkt verwirrend vor allem deswegen, weil Gesichtspunkte verwaltungsmäßiger Art, der Abmessung, des Zustandes und der Nutzungsmöglichkeit für die Einteilung bunt durcheinander gehen. Auch hier wird graphisch zur Veranschaulichung bei größeren Maßstäben die schwarze parallele Doppellinie (Autobahn 3 Linien) benutzt, die bei kleineren Maßstäben durch die einfache Linie ersetzt wird. Die einzelnen Klassen sind durch Linienabstände, Strichstärken, gerissene Linien, Baumsignaturen (auch wenn keine Straßenbäume vorhanden sind) und nicht zuletzt durch die Beschriftung (Nummer der Reichs- jetzt Bundesstraße) unterscheidbar.

Die dritte markante lineare Signatur ist die der Grenzen, also eine Eigenschaftssignatur. Hier werden gewöhnlich, je nach der üblichen Einteilung, aber doch in eindeutiger Weise Staats-, Länder-, Provinz-, Bezirks-, Kreis- und Gemeindegrenzen unterschieden. Die Signatur ist immer — wenn nicht wie bei kleinen Maßstäben ein farbiges Band — eine mehr oder weniger breite schwarze Strich- und Strichpunktlinie, die, da sie nicht gehäuft auftritt, neben den anderen Strichsignaturen nur wenig ins Auge fällt. Um den Grenzverlauf dennoch klar herauszustellen, ist vielen Karten am Rande eine besondere Grenzskizze beigefügt. Wo der Grenzverlauf sich mit anderen Grenzen deckt (z. B. mit Bächen usw.) und offensichtlich eindeutig an diese gebunden ist, wird er nicht eingezeichnet.

In Signaturen mit flächenhafter Wirkung wird die Bodenbewachsung dargestellt. Es handelt sich in unseren Breiten dabei in erster Linie um Wälder (Laub-, Nadel- und Mischwald), Buschwerk, Parks, Friedhöfe, Baumschulen, Hopfenpflanzungen, Weingärten, Dauerwiesen, Bruchland, Heide, Ödland. Alle diese Flächen werden meist durch Einzelsignaturen dargestellt, die so dicht und gleichmäßig gesetzt sind, daß sie im ganzen flächenhaft wirken. Ackerland wird weiß gelassen, was aber nicht besagt, daß alle weißen Flächen in ackerbaulicher Nutzung stehen. Verschiedentlich wird versucht, die flächenhafte Erscheinung auch durch flächenhafte graphische Mittel, also durch farbige Flächentönung, zu veranschaulichen. So wird der Wald in der Topographischen Karte 1 : 50 000 und in der alten Übersichtskarte von Mitteleuropa 1 : 300 000 neben der Baumsignatur als grüne Farbfläche dargestellt. Ein solches Verfahren ist nur bedingt möglich, und zwar nur dort, wo die Waldfarbe die ebenfalls durch Farben erreichte Reliefplastik nicht erschlägt.

Von besonderer Bedeutung für die Topographie einer Karte sind die Wohnplätze. Neben den Geländeformen und dem Gewässernetz ist ihre Darstellung vor allem für den Geographen von Belang, der in der grundrißähnlichen Wiedergabe der formalen Ortsstruktur die ersten Anhaltspunkte für weitergehende Untersuchungen gewinnt. Allerdings wechselt mit abnehmendem Maßstab der Abbildungsgesichtspunkt; aus der Grundrißähnlichkeit wird die Größenangabe nach der Einwohnerzahl. In großmaßstäbigen Karten werden zur Veranschaulichung von Siedlungen im großen und ganzen drei Signaturen benutzt, nämlich die parallele Doppellinie für die Straßenführung, die schwarze Kastensignatur für die Gebäudeanordnung und eventuell ein Strichraster für die Hausgärten. Hinzu kommen einige das Bild vervollständigende Einzelsignaturen für Kirchen, Schlösser, Mauern, Zäune usw. Die Grundrißtreue wird eingehalten von größten Maßstäben (Katasterpläne) bis zur Grundkarte 1 : 5000, dann geht sie in den amtlichen deutschen Kartenwerken über in die gegliederte Grundrißähnlichkeit bis zum Maßstab 1 : 100 000, um schließlich erst durch eine ungegliederte Grundrißsignatur (Umrißähnlichkeit bis 1 : 200 000), dann durch die gewöhnlichen Ortssignaturen (Kreise, Doppelkreise, Quadrate usw.) der Größenordnung nach abgelöst zu werden. Diese Ablösung erfolgt um so eher (d. h. bereits bei größeren Maßstäben), je kleiner die Einwohnerzahl ist. Millionenstädte werden z. B. im Kartenbild bis in kleinste Maßstäbe hinein durch ihren wirklichen Grundriß wiedergegeben (IMHOF 1950, S. 105).

Neben den fünf genannten topographischen Erscheinungen gibt es noch eine große Zahl von topographischen Einzelheiten, die in die Karten zu übernehmen zweckmäßig erscheint. In diese Gruppe gehören z. B. Denkmäler,

Forstämter, Wassermühlen, Windmühlen usw. (vgl. Legenden der Amtlichen Kartenwerke), kurz alle Erscheinungen, die irgendwie noch der allgemeinen Orientierung dienen können. Sie werden zum größten Teil durch Symbole kenntlich gemacht. Symbole haben den Vorteil, daß durch sie auf Grund der engeren optischen Verwandtschaft zwischen Symbol und Objekt auf dieses leichter geschlossen werden kann. Diese Art der Darstellung sollte aber in Grenzen gehalten und eben nur für einige topographische Einzelheiten angewendet werden, um das Kartenbild nicht unansehnlich zu machen.

Auch die Beschriftung der Karte gehört zu ihrem Inhalt, denn nicht alles Wissenswerte ist den Signaturen zu entnehmen (Orts-, Fluß-, Bergnamen, Höhenangaben usw.). Andererseits ist ein Kartenwerk kein Lesebuch und sollte nur das Minimum unumgänglich notwendiger Beschriftung enthalten. Diese muß nach E. IMHOF, der damit den klassischen Grundsätzen folgt, folgende Bedingungen erfüllen:

Eindeutige Zuordnung zum Objekt durch Stellung, Art- und Größenabstufung.

Übersichtlichkeit, Auffindbarkeit, Unterscheidbarkeit, Lesbarkeit.

Störungsfreies Einfügen in den übrigen Karteninhalt.

Flüssige Schriftanordnung, aus der auch ohne übriges Kartenbild die Objekte ihrer Gattung nach erkennbar sind.

Der Topographie angepaßte Füllung der Karten mit Namen bei gleichzeitiger Vermeidung von Namenknäueln.

Darüber hinaus werden in Anlehnung an die Signatureinteilung Punkt-, Linear- und Arealbezeichnungen unterschieden, die sich in Größe, Ausdehnung und Stellung der Schrift den entsprechenden Objekten anpassen müssen.

Die Generalisierung. In den voraufgegangenen Ausführungen klang vielfach der Hinweis auf die Notwendigkeit an, bei Maßstabsänderungen auch inhaltliche und graphische Änderungen vorzunehmen. Diese Maßnahmen werden unter dem Begriff der Generalisierung zusammengefaßt (vgl. S. 51). Sie spielt bei der Gestaltung der Topographischen Karte eine hervorragende Rolle, weil — wie auf S. 98 dargelegt — die Variationen im topographischen Kartensektor bei immer gleicher Grundsubstanz allein auf Maßstabsänderungen beruhen. Das heißt nicht — worauf W. BORMANN (1968) hinweist —, daß die Art der Generalisierung selbst allein durch den Maßstab bestimmt wird; sie ist auch abhängig von dem Generalisierungsstand der Ausgangskarte und dem Verwendungszweck der Zielkarte.

Die Generalisierung ist notwendigerweise mit jeder Gestaltung eines Kartenbildes verbunden, denn der Sinn einer solchen Gestaltung kann ja nur darin liegen, die makroskopische und daher unüberschaubare Erscheinungsfülle auf der Erde überschaubar in den menschlichen Gesichtskreis zu rücken. Das bedeutet von vornherein, daß eine Karte jedweden Maßstabes nicht allein das verkleinerte Abbild der Wirklichkeit sein kann, sondern gleichzeitig auch das Ergebnis einer Umformung im Sinne der Verdeutlichung. Diese Umformung bezieht sich sowohl auf die Inhaltsaufbereitung als auch auf die graphische Gestaltung und bringt in jedem Falle ein subjektives Moment in die Kartographie. Und hiermit ist der Kartograph vor seine Hauptaufgabe gestellt, nämlich die optimale Lösung einer wissenschaftlichen und künstlerischen Aufgabe zu erzielen. Ungeachtet der subjektiven Freiheit ist es dennoch möglich, einen Generalisierungsrahmen abzustecken, dessen Grenzen aus der Erfahrung erwachsen sind und im Interesse der einheitlichen Lesbarkeit allgemein eingehalten werden. Nach E. IMHOF sind folgende leitende Gesichtspunkte zu beachten: Auf der Grundlage der graphischen Möglichkeiten, der Landeskenntnis, des Kartenzweckes und kritischen Abwägens ist das Wichtigste hervorzuheben bzw. aufzuwerten, das Unwichtige dagegen wegzulassen bzw. abzuwerten; ähnliche Objekte sind graphisch zu uniformieren, wichtige Grundrißfiguren zu vergrößern und zu vereinfachen, Scharungen von Einzelobjekten zusammenzufassen und schließlich Signaturen anzuwenden.

Für die Reliefdarstellung bedeutet eine solche Generalisierung zunächst eine Veränderung des meßbaren geometrischen Grundgerüstes. Die Äquidistanzen der Höhenstufen müssen mit zunehmender Maßstabsverkleinerung größer werden, und zwar für Hoch- und Mittelgebirge sowie Flachländer in unterschiedlicher Steigerung nach der Formel

$$\ddot{A} = \sqrt{\frac{M}{100} + 1} \cdot \log \sqrt{\frac{M}{100} + 1} \cdot \mathrm{tg}\, a,$$

wobei M die Maßstabszahl und a der Böschungswinkel des steilsten, in größeren Flächen vorkommenden Geländes ist, also 45° für Hochgebirge, 26° für Mittelgebirge und 9° für Flachland. Aus der Abb. 47 geht hervor, daß die Äquidistanzen vom Maßstab 1 : 25 000 bis 1 : 1 000 000 von 2,5 auf 25 m im Flachland, von 10 m auf 100 m im Mittelgebirge und von 20 m auf 200 m im Hochgebirge anwachsen. Derartig große Höhenstufen können über das Relief keine hinreichende Aussage mehr machen, so daß mit kleiner werdendem Maßstab die Höhenlinien in demselben Maße an Bedeutung verlieren (etwa ab 1 : 500 000) wie andere graphische Ausdrucksmittel (Gebirgsschraffen bzw. Gebirgsschummer oder auch Schräglichtschattierung in Ver-

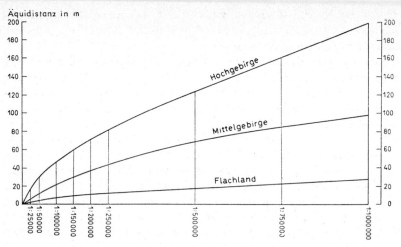

Abb. 47: *Zuordnung von Äquidistanz, Maßstab und Relief*

bindung mit Farbtönung) an Bedeutung gewinnen. Die Wenschow-Reliefkarten machen das deutlich, und auch E. IMHOF konnte mit der luftperspektivischen Farbtönung in Verbindung mit der Schräglichtschattierung zeigen, daß seine Methode nicht nur auf Maßstäbe 1 : 500 000 beschränkt ist, sondern auch auf Erdteilkarten ausgedehnt werden kann.

Bei der Niveauliniendarstellung wirkt sich die Generalisierung jedoch nicht nur auf die Äquidistanz aus, sondern in gleicher Weise auf die Linienführung z. B. der Isohypsen selbst. Knicke und Spitzen scharfer Einbuchtungen müssen gerundet werden, ohne daß sie Formenähnlichkeit mit eventuell wirklich vorhandenen gerundeten Ausbuchtungen erhalten. Gegebenenfalls sind dann auch diese zu generalisieren. Darüber hinaus genügt es nicht, die Generalisierung etwa nur an einer Höhenlinie vorzunehmen, sondern die Verformung ist auf die benachbarten Linien sinngemäß zu übertragen, damit keine Ungereimtheiten im Reliefbild entstehen und das Gesamtbild gewahrt bleibt. Weiterhin dürfen die charakteristischen Formen nicht zerstört werden. Ihre Erhaltung muß im Gegenteil auf Kosten der nichtcharakteristischen gehen. Außerdem soll die Kurvengliederung in einem sinnvollen Zusammenhange mit der Äquidistanz stehen. So ist es sinnlos, bei großen Äquidistanzen feingegliederte Höhenlinien zu zeichnen, denn es gehen die feingegliederten Zusammenhänge infolge der großen Kurvenabstände ohnehin verloren, wie auch umgekehrt die notwendigen Feinheiten durch zu kleine Äquidistanzen graphisch ausgelöscht werden können. Alles in allem sollte die Karteninterpretation von Niveauliniendarstellungen immer zwei Abweichungen von der Realität einkalkulieren: bei kleineren Maßstäben die Generalisierungsvariante, bei großen Maßstäben den Meßfehler.

Sehr viel eher als beim Relief setzt die Generalisierung bei den übrigen topographischen Erscheinungen ein. Schon in Karten großer Maßstäbe spielen die Maßnahmen der Auf- und Abwertung eine hervorragende Rolle. Die Auswahl der Erscheinung überhaupt, die in einer Topographischen Karte als allgemein orientierende Wesensmerkmale aufgenommen werden sollten, ist schon ein Akt des Generalisierens in bezug auf die Inhaltsaufbereitung. Mit fortschreitender Maßstabsverkleinerung wird diese Auslese immer drastischer, und bei einem Vergleich der dargestellten Erscheinungen etwa im Maßstab 1 : 5 000 000 und 1 : 25 000 bleiben schließlich noch rund 5—10 % übrig, nämlich einige Ortsgrößenklassen, einige Bahnlinien verschiedener Bedeutung, Haupt- und einige Nebenflüsse, größere Seen und Staatsgrenzen. Das heißt, einer 10%igen Aufwertung steht eine 90%ige inhaltliche Abwertung gegenüber. Von ihr werden alle topographischen Erscheinungen erfaßt, in erster Linie aber bis zur völligen Löschung die topographischen Einzelheiten, an zweiter Stelle die Bodenbewachsung. Gewässer, Verkehrslinien, Grenzen und Wohnplätze bleiben immer Inhalt einer Karte, obwohl auch sie hinsichtlich ihrer Einzelheiten mit kleiner werdendem Maßstabe zunehmend dem Ausleseverfahren unterworfen sind. Da hierbei aber stets mehrere Gesichtspunkte — im wesentlichen Abmessung und topographische Bedeutung – Berücksichtigung finden, geht das Generalisierungsverfahren nicht schematisch vor sich. Natürlich werden erst die kleineren, dann die größeren Bäche und schließlich die Nebenflüsse ausgeschieden; dennoch kann ein kleiner Bach vor einem größeren Fluß den Vorrang bekommen, wenn er etwa Grenzbach ist, oder ein Kanal wird in die Karte aufgenommen, obwohl seine Abmessungen kleiner sind als die eines anderen größeren Gewässers, das aber von minderer Bedeutung ist. Fußwege werden gewiß zuerst unterdrückt, nicht aber etwa gleich große Paßwege im Gebirge. Straßenkreuzungen sind wichtiger als gleichrangige kreuzungsfreie Wege. Das Straßennetz von Ortschaften bleibt in seiner charakteristischen Linienführung soweit wie nur irgend möglich erhalten, obwohl andere Straßen gleicher Abmessungen bereits ausgeschieden sind. In allen diesen Fällen erfolgen Auf- und Abwertungen, die je nach Lage der Dinge im einzelnen ganz individuell gehandhabt werden müssen.

In diesem Zusammenhang sei hingewiesen auf die von H. LOUIS eingeführte Unterscheidung zwischen maßgebundenem und freiem Generalisieren. Unter ersterem wird die gleiche, unter dem zweiten die ungleiche kartographische Behandlung von topographischen Erscheinungen gleicher Abmessung und Bedeutung verstanden. Eine maßgebundene Generalisierung liegt

z. B. vor, wenn alle Wege gleicher Abmessung und Bedeutung entweder ganz ausgeschieden oder wenn sie alle in vereinfachter Form veranschaulicht werden. Ein freies Generalisieren ist gegeben, wenn aus graphischen Gründen das maßgebundene Generalisieren nicht möglich ist und wenn dann von diesen Wegen einige unterdrückt, andere aber dargestellt werden, um eben noch das reale Bild des Wegenetzes wenigstens anzudeuten. Beide Generalisierungsverfahren gehen ineinander über, wobei das maßgebundene mehr den Topographischen Karten mit Maßstäben $>$ 1 : 200 000, das freie dagegen den Karten kleinerer Maßstäbe vorbehalten bleibt. Jedoch liegt die Maßstabsgrenze für die verschiedenen topographischen Erscheinungen verschieden.

Ein ausgesprochen mathematisches Generalisierungsgesetz — als Auswahl- oder Wurzelgesetz eingeführt — haben W. PILLEWIZER und F. TÖPFER (1964, S. 117 ff.) angegeben. Es bezieht sich jedoch nur auf die zu ermittelnde Anzahl von Darstellungsobjekten und soll den Grad des subjektiven Anteils beim Generalisieren herabmindern helfen.

Es lautet: $n_F = n_A \cdot C_B \cdot C_Z \cdot \sqrt{\dfrac{M_A}{M_F}}$.

In dieser Formel bedeuten:

n_F Anzahl der Objekte im Folgemaßstab,

n_A Anzahl der Objekte im Ausgangsmaßstab,

M_F Maßstabszahl des Folgemaßstabes,

M_A Maßstabszahl des Ausgangsmaßstabes;

C_B ein Bedeutungsfaktor, der drei Werte annehmen kann:

$C_{B1} = 1$ (normale Bedeutung der Objekte),

$C_{B2} = \sqrt{\dfrac{M_F}{M_A}}$ (geringe Bedeutung der Objekte),

$C_{B3} = \sqrt{\dfrac{M_A}{M_F}}$ (besondere Bedeutung der Objekte);

C_Z ist ein Faktor, der sich auf den Zeichenschlüssel bezieht.

$C_{Z1} = 1$ (für Zeichenschlüssel der Folgemaßstäbe, die nach dem Wurzelgesetz auf jenen des Ausgangsmaßstabes abgestimmt sind),

$C_{Z2} = \dfrac{s_A}{s_F} \cdot \sqrt{\dfrac{M_A}{M_F}}$ (gilt für lineare Objekte, bei denen nur die Signaturbreite s für die Generalisierung maßgebend ist),

$C_{Z3} = \dfrac{f_A}{f_F} \cdot \dfrac{M_A}{M_F}$ (gilt für flächenhafte Objekte, deren Fläche f für die Generalisierung maßgebend ist).

Da in der Objektauswahl auch qualitative Generalisierungsgesichtspunkte zu berücksichtigen sind, kann ein solches Gesetz sicher nicht Anspruch auf Ausschließlichkeit haben, die Funktion eines wichtigen Hilfsmittels hingegen wird man ihm nicht absprechen können, sofern ein Könner nicht den bequemeren Weg des Könnens vorzieht.

In den Grenzen, die der graphischen Gestaltung einer Karte gesetzt sind, ist die eigentliche Ursache des Generalisierens zu sehen. So bieten Karten größter Maßstäbe bis 1 : 5000 (Pläne) keine Schwierigkeiten in der Darstellung von Erscheinungen, die die 1-m-Grenze nicht unterschreiten. Kleinere Abmessungen interessieren für die allgemeine Orientierung nicht. 1 m läßt sich aber im Maßstab 1 : 5000 durch 0,2 mm veranschaulichen, eine Abmessung, die durchaus noch im Bereich der Zeichenmöglichkeit und des Auflösungsvermögens des menschlichen Auges liegt. Beim Maßstab 1 : 25 000 entsprechen diese 0,2 mm aber bereits einer wirklichen Abmessung von 5 m, bei 1 : 50 000 von 10 m, bei 1 : 100 000 von 20 m, bei 1 : 200 000 von 40 m, bei 1 : 1 000 000 von 200 m usw. H. Louis spricht in diesem Zusammenhang von der unteren Eindeutigkeitsgrenze, die jeder Kartendarstellung anhaftet und bei ihrer Benutzung beachtet werden sollte. An dieser Abmessungsfolge wird deutlich, daß die Generalisierung nicht nur eine inhaltliche, sondern auch eine graphische Seite hat. Um eine kartographisch optimale Darstellung zu erwirken, müssen beide Seiten sinnvoll aufeinander abgestimmt sein. So ist bei allen Signaturen zu berücksichtigen, daß die Strichstärken und Signaturabmessungen das Vielfache der wirklichen Abmessungen betragen können. Eine Straße z. B., die im Maßstab 1 : 25 000 1 mm Breite hat, ist bereits vier- bis fünffach überdimensioniert, im Maßstab 1 : 100 000 sogar sechzehn- bis zwanzigfach. Hier tritt also zur Aufwertung durch die inhaltliche Auslese noch die graphische Betonung, derzufolge andere weniger wichtige Erscheinungen unter Umständen verdrängt werden (Verdrängung). Da die graphische Betonung bei Maßstabsverkleinerungen immer weiter anwächst, muß bei der inhaltlichen Generalisierung der Abwertung eine um so größere Aufmerksamkeit geschenkt werden, und es ist nicht verwunderlich, daß schließlich 90 %/o des Karteninhaltes gelöscht werden müssen.

Aus der graphischen Überdimensionierung ergibt sich zwangsläufig die graphische Generalisierung, die durch folgende Hinweise kurz zusammengefaßt sei (IMHOF 1950, S. 100 ff.): Die Krümmungen der linearen Signaturen werden mehr oder weniger gestreckt, geglättet bzw. überhaupt weggelassen, so daß ihre Anzahl sich verringert. Der Gesamtcharakter der Linienführung ist jedoch zu wahren. Größtenteils tritt durch diese Maßnahme eine zu beachtende Verkürzung der Linienlänge ein. Die von Natur aus krümmungsreichen Bach- und Flußläufe werden davon am meisten betroffen, weniger das

Wegenetz, noch weniger die meist geradlinig geführten Bahnen und am wenigsten die Grenzen.

Die lokalen Signaturen, insbesondere der Siedlungen, werden in ihren Umrissen vereinfacht, zusammengelegt und somit vergrößert. Oft muß damit ein Verlegen an die Straße einhergehen, um die Bezogenheit aufrechtzuerhalten. Orientierende Hauptmerkmale, wie Kirchen, Bahnhöfe, Straßenkreuzungen usw., werden möglichst lange beibehalten, ebenso die Linienführung der Hauptstraßenzüge, so daß sich Alt- und Neustadt ebenso wie die dichte und lockere Bebauung voneinander unterscheiden lassen. Wie schon erwähnt (vgl. S. 127), geht mit zunehmender Generalisierung der durch Straßen gegliederte Grundriß in den ungegliederten, aber noch umrißähnlichen über, bis schließlich die Ortssignaturen (Kreise, Rechtecke in ihrer Größe nach der Einwohnerzahl abgestuft) an ihre Stelle treten.

Die graphische Generalisierung bei den flächenhaften Signaturen ist äußerst beschränkt und erstreckt sich im allgemeinen nur auf die Vereinfachung der Umrißlinien. Hier und dort kann auch eine Farbtönung (Wald) an Stelle der Signaturenvielfalt verdeutlichenden Wert haben. Entstellend wirkt eine Verminderung der Signaturenzahl oder eine Verkleinerung der Signaturen selbst. Im wesentlichen muß hier auf die inhaltliche Generalisierung zurückgegriffen werden. Zuweilen ist auch eine stilisierte Veranschaulichung des Flächenmosaiks möglich.

Die Generalisierung — das sei zum Schluß noch einmal betont — erweist sich als die kartographische Hauptaufgabe. Das gilt sowohl für den Kartenhersteller als auch für den Kartenbenutzer. Der eine muß weniger und vereinfacht darstellen als er sieht, und der andere muß mehr und komplizierter sehen als dargestellt ist. Das aber ist nur möglich, wenn beide die Spielregeln beherrschen und das dem Zweck entsprechende Geschick besitzen.

Neben der Generalisierung ist auch der umgekehrte Prozeß der Detaillierung denkbar, d. h. nicht aus der Detailfülle heraus zu generalisieren, sondern ein von Natur aus generalisiertes Bild mit Details anzufüllen. Bisher hatte diese Umkehrung allerdings nur akademischen Wert, denn praktisch war die Karte immer nur einseitig das Produkt eines Generalisierungsvorganges, weil Ausgangsposition allein die Detailfülle war, sei es in der Form des uns umgebenden topographischen Milieus selbst, sei es in der Form seiner Fixierung im Luftbild. Neuerdings aber liegen von Flugkörpern (Satelliten) aus großer Höhe aufgenommene Erdphotos vor, die zunächst als optisch generalisierte Bilder aufgefaßt werden können und als solche lediglich die topographischen Generalstrukturen der Erdoberfläche erkennen lassen. Sie zu gewinnen, ist ohnehin das ideale Ziel der Generalisierung; nun werden sie vorgegeben, und es erwächst die Aufgabe, sie mit Details zu füllen. So gesehen, wird der

Karteninhalt künftighin von zwei Seiten her entwickelt werden müssen, und seine optimale Gestaltung ergibt sich im Schnittpunkt von Generalisierung und Detaillierung

Die Thematische Karte

Sieht man die Kartographie als einen eigenen Wissenschaftszweig an, so bestehen doch engste befruchtende Kontakte — wenn nicht gar Überschneidungen — mit den beiden Nachbarwissenschaften, der Geodäsie einerseits und der Geographie andererseits, wenn diese im weitesten Sinne als der Inbegriff der Erdraumwissenschaften verstanden wird. In dieser Verbindung liegt begründet, daß sich nach beiden Seiten hin Schwerpunkte in bezug auf die Betreuung der beiden Kartenkategorien herausgebildet haben. Die Betreuung des topographischen Kartensektors ist das Anliegen des geodätisch erfahrenen Kartographen, die Betreuung des thematischen Kartensektors liegt in der Hand des raumwissenschaftlich bewährten Kartographen. Natürlich ist das keine strenge Alternative, eher eine variable, die sich in Richtung der kleinmaßstäbigen Globaldarstellungen immer mehr verwischt, aber sie rechtfertigt in einem weiteren Punkt unsere kategoriale Zweiteilung (vgl. S. 98). Die Topographische Karte ist dem Themakartographen mehr oder weniger ein Mittel zum eigenen Zweck, das ihm zugereicht wird und dessen er sich bedient, es aber nicht selbst erarbeitet. Die Thematische Karte dagegen ist sein ureigenstes Betätigungsfeld, sie ist ihm Forschungsgegenstand und Forschungsmittel zugleich. Geschichtlich gesehen, oblag ihre Bearbeitung zunächst allein dem Geographen; erst in neuerer Zeit verlagert sich das Schwergewicht immer mehr auf die Kartographie, oder besser, es entwickelt sich die thematische Kartographie zu einem Wissenschaftszweig der Gesamtkartographie. Diese Entwicklung ist gleichsam zwangsläufig begründet, denn die nichtkartographische uneinheitliche Betreuung einerseits und die erdrückende Fülle der Themenvielfalt andererseits (Polythematik) haben zu einer geradezu babylonischen Darstellungsverwirrung geführt, die es zu beheben gilt. Das ist mit irgendeiner Normung nicht getan, die sehr komplizierte Materie erheischt eine wissenschaftliche Durchdringung. Im Zuge der oben angedeuteten Entwicklung sind seit langem bereits viele Einzelprobleme untersucht worden, aber ihre Ergebnisse waren nur eben erste, wenn auch wichtige Ansätze. Erst in neuester Zeit beginnen sich mit den grundlegenden themakartographischen Werken von E. ARNBERGER (1966) und W. WITT (1967) Fundamente einer

Wissenschaft der Themakartographie abzuzeichnen. Das Gebäude aber steht noch nicht. Auch das vorgelegte Kapitel kann in dem hier möglichen und beabsichtigten Rahmen nur als Beitragsversuch gewertet werden.

Gliederungsgrundsätze

Nach der Merkmalserläuterung, die auf S. 98/99 für die beiden Kartenkategorien gegeben wurde, ist es nächstliegend, die Gliederung des thematischen Kartenbereichs nach thematischen Gesichtspunkten vorzunehmen. Ein Einteilungsprinzip kann sich nur am Charakteristikum einer Sache orientieren, denn nur so kann seinem Zweck entsprochen werden. Das Kennzeichnende des thematischen Kartensektors ist seine Polythematik. In der Kartenverwendung interessiert daher primär die Frage, „was" dargestellt wird, das „wie" ist in bezug auf die Gliederung zweitrangig. Letztrangig ist in diesem Zusammenhang der Maßstab. Er ist zwar äußerst wichtig für die Bewältigung der Aufgaben, die aus der Aufnahme des Stoffes, seiner redaktionellen Bearbeitung und der Kartengestaltung erwachsen, und zweifellos wichtig auch für die Detailbeurteilung einer Thematischen Karte bzw. für die vergleichende Beurteilung einer Reihe von Karten gleichen Themas, aber unwichtig als Einteilungsprinzip für den vielfältigen Gesamtbereich der Thematischen Karte. Hierzu ist nichts Wesentliches ausgesagt damit, daß eine Thematische Spezialkarte 1 : 50 000 oder eine Feinübersichtskarte 1 : 200 000 vorliegt, aussagewirksam ist zunächst der thematische Hinweis.

Wenn man nun, mit diesem Vorhaben im Sinn, die Vielfalt der darstellbaren erdraumbezogenen Substanz zu überblicken versucht und die Frage stellt, was kartierbar ist, so lautet die Antwort: alle dauerhaften und nichtdauerhaften, alle beweglichen und nichtbeweglichen, alle diskreten und kontinuierlichen Erscheinungen und Sachverhalte, die zu beliebiger Zeit eine georäumliche Beziehung aufweisen. Die in der Antwort enthaltene Vielfalt erscheint zunächst so erdrückend, daß man von vornherein zu kapitulieren geneigt ist. Dies um so mehr, als unter der darstellbaren Substanz nicht nur der Bereich des Dinglich-Stofflichen verstanden werden darf, sondern darüber hinaus alle Relationen, Fiktionen, Hypothesen usw., die in die Substanz eingehen, sofern sie nur erdraumbezogen sind. Diese Bedingung unterwirft die Resultate solcher Denk- und Vorstellungsprozesse zwar einer Art von Rückkopplung und bindet sie damit wieder an das Dinglich-Stoffliche des Erdraumes, ungeachtet dessen aber erweitern sie den darstellbaren Substanzbereich noch erheblich. Dennoch ist gerade diese Bedingung der Erdraumbezogenheit geeignet, das Ganze überschaubar zu machen, denn die darzustellende erdraumbezogene Substanz ist zugleich das Forschungsobjekt der Raumwissenschaften, insbesondere der Geographie. Für sie liegt ein bewährtes, heute allerdings stark in Frage gestelltes Schema vor, wonach sich die Themakarten folgendermaßen gruppieren lassen:

I. Karten mit Inhalten aus der allgemeinen oder vergleichenden Geographie
   1. mathematisch-geographische Inhalte,
   2. physisch-geographische Inhalte,
   3. anthropogeographische Inhalte.
II. Landschaftskundliche Inhalte.
III. Karten mit Inhalten aus der regionalen Geographie oder der Länderkunde.
IV. Inhalte der Raumforschung und Landesplanung.

Eine solche Inhaltsgliederung ist umfassend im ganzen und trennscharf im einzelnen, sofern man nur bereit ist, die Geographie nicht im herkömmlichen, sondern als die Raumwissenschaft im weitesten Sinne schlechthin aufzufassen und zu betreiben, d. h. unter Einschluß der alten sogenannten „mathematischen Geographie" als auch der modernen „angewandten Geographie". Auf dieser Grundlage wurde in Anlehnung an die sehr vollständige und themenanregende Inhaltsgruppierung von W. WITT der folgende Themenkatalog aufgestellt:

I. Allgemeine geographische Inhalte

1. Mathematisch-geographische und geodätische Inhalte.
a) Kartennetzentwürfe, Gitternetze, Meridianstreifensysteme.
b) Vermessungstechnische Karten, Nivellementskarten, Festpunktskarten.

2. Physisch-geographische Inhalte
a) Geomorphologie: Formenschatz, Reliefenergie, Höhenstufen usw.
b) Geologie: Formationen, Stratigraphie, Tektonik, Lagerstätten usw.
c) Klima: Klimaelemente (Temperatur, Niederschlag, Luftdruck), Wetterlagen, Klimazonen, Klimatypen usw.
d) Hydrographie: Oberflächengewässer, Grundwasser, Vereisung usw.
e) Böden: Bodentypen und Bodenarten, Bodenwerte, Nährstoffgehalt, Bodenzerstörung usw.
f) Pflanzen- und Tierwelt: Natürliche Vegetation, ökologische Faktoren, Vegetationszonen, Faunenelemente, Faunengesellschaften usw.
g) Ozeanographie: Strömungen, Schichtungen, chemische und physikalische Beschaffenheit des Meerwassers, Gezeiten, Vereisung usw.

3. Anthropogeographische Inhalte

a) Bevölkerung: Bevölkerungsverteilung, Bevölkerungsentwicklung, Altersaufbau, Bevölkerungsstruktur, Religionen und Konfessionen, Nationalitäten, Rassen, Sprachen, Volks- und Brauchtum usw.

b) Siedlungen: Siedlungsformen und Siedlungstypen, Flurformen, Gemeindegrößenklassen, zentralörtliche Funktionen, Verstädterung (Ballungen, Stadtregionen), Stadtstruktur usw.

c) Wirtschaft: Ökumene und Anökumene; Landwirtschaft (Betriebsgrößenklassen, Arbeitskräfte, Bodennutzungssysteme, Anbaufrüchte, Erträge, Viehhaltung usw.), Forstwirtschaft, Fischerei, Wasserwirtschaft, Bergbau, Energiewirtschaft, Industrie (Standorte, Industriegruppen und Industriezweige, Beschäftigte, Berufsstruktur, Produktionswerte usw.), Handwerk (Standorte, Zweige des Handwerks, Berufsgruppen, Beschäftigte, zentralörtliche Funktionen usw.), Handel (Außen-, Groß- und Einzelhandel, Umsatz, Handelswege, Banken und andere Geldinstitute usw.).

d) Verkehr: Verkehrsmittel, Personen- und Güterverkehr, Verkehrsfrequenz, Verkehrsvolumen, Einzugsbereiche, Nachrichtenwesen, Fremdenverkehr usw.

e) Staat und Verwaltung: Staatsformen, Bündnisse, Verwaltungsgliederung, öffentliche Körperschaften, Wahlergebnisse, Verteidigung usw.

f) Öffentliche Dienste: Gesundheitswesen, Bildungswesen, Publikationswesen, Sport und Erholung usw.

g) Öffentliche Finanzen: Steueraufkommen, volkswirtschaftliche Gesamtrechnungen, Investitionen usw.

h) Geschichte: Territorialgeschichte, Landes- und Ortsgeschichte, Kulturgeschichte usw.

II. Landschaftskundliche Inhalte

1. Naturräumliche Inhalte

a) Naturräumliche Gliederungen: Morphologische Landschaftstypen, Landschaftsgürtel usw.

b) Landschafts- und Naturschutz: Naturparke, Landschaftspflege usw.

c) Genese der Naturlandschaft: Zusammenspiel der Faktoren usw.

2. Kulturräumliche Inhalte

a) Kulturlandschaftliche Gliederungen: Wirtschaftslandschaften, Stadtlandschaften usw.

b) Genese der Kulturlandschaft: Zusammenspiel natürlicher und anthropogener Faktoren usw.

III. Inhalte mit Landes- und länderkundlicher Betrachtungsweise
Die Thematik unterliegt der regionalen Auswahl.

IV. Inhalte der Raumforschung und Landesplanung

1. Raumordnungs- und Entwicklungsplanung (Strukturplanung von regionaler und überregionaler Art)
2. Kommunale Planungen (Stadt- und Gemeindeplanungen)
3. Einzelne Fachplanungen (Verkehrs- und Industrieplanungen usw.).

Neben der themendifferenzierten Einteilung der Karten gibt es eine ganze Reihe weiterer mehr oder weniger sinnvoller Gruppierungsgesichtspunkte. Wenig sinnvoll z. B. ist es, qualitative von quantitativen Karten zu unterscheiden, weil hier eines das andere nicht ausschließt, denn der dargestellte Sachverhalt kann durchaus — was meistens der Fall ist — sowohl qualitativ als auch quantitativ gekennzeichnet sein.

Gegenseitiger Ausschluß der Unterscheidungsmerkmale aber besteht bei der Gliederung in „analytische", „synthetische" und „komplexe" Karten. Unter „analytischen Karten" werden solche verstanden, die das Ergebnis einer voraufgegangenen Analyse in Form von Bestandteilen einer integrierten Ganzheit darstellen (Beispiel Niederschlagskarte). Umgekehrt sind „synthetische Karten" solche, die das Ergebnis einer voraufgegangenen Synthese in Form einer aus Bestandteilen integrierten Ganzheit darstellen (Klimakarte). Die beiden Begriffe werden in nicht sehr glücklicher Weise verwendet, da Analyse und Synthese Arbeitsvorgänge bzw. Arbeitsverfahren sind, die eine Karte als solche nicht bewältigen kann. In ihr können immer nur die Ergebnisse fixiert werden. Dazwischen steht die „komplexe Karte", die dadurch gekennzeichnet ist, daß sie bereits mehr oder weniger in Zusammenhang stehende Bestandteilsgruppen beinhaltet, eine Synthese aber nicht vollzogen ist oder auch nicht vollziehbar ist (Niederschlag + Temperatur + Stationsnetz). Komplexe Karten sind z. B. nicht solche, in denen in keinerlei Beziehung zueinander stehende Sachverhalte — aus welchen Gründen auch immer — ineinandergeschachtelt werden. Das sind unsinnige Darstellungen. Am häufigsten sind bislang die analytischen Karten vertreten, am seltensten die synthetischen. Sie sind aber die interessantesten, für Wissenschaft und Praxis wertvollsten, allerdings die inhaltlich und graphisch am schwierigsten zu gestaltenden. Hier steht der Kartographie noch ein weites Betätigungsfeld vor allem im Dienste von Länderkunde, Raumordnung und Landesplanung offen.

Ebenfalls bedeutsam ist die Einteilung der Thematischen Karten in statische, dynamische (oder kinematische) und genetische. Sie ist wohlbegründet durch die der thematischen Kartographie obliegende Aufgabe, nicht nur Zustände, sondern auch Bewegungen und Entwicklungen zu erfassen und darzustellen. Allerdings fragt es sich, ob hier ein trennscharfes Einteilungsprinzip vorliegt, denn insbesondere Bewegungen und Entwicklungen können Geschehnisse sein, die sich unter Umständen nicht trennen lassen, z. B. Auf- und Abbau einer sich bewegenden Zyklone.

Gleichsam eine vertikale Einteilung der Themakarten hat E. MEYNEN (1959) angegeben, und zwar nach dem Gesichtspunkt einer stufenweisen Aufbauentwicklung des Karteninhaltes von der Substanzquelle bis zum wissenschaftlichen Endergebnis. Sie lautet:

1. Die primäre Quellenkarte als konkrete Darstellung physiognomisch faßbarer raumbezogener Sachverhalte.

2. Die abgeleitete Quellenkarte als „Summe der Bilder abstrakter Darstellung".

3. Die Interpretationskarte als Ergebnis wissenschaftlicher Bewertung bzw. einer begrifflichen Umsetzung von Sachverhalten.

Ein völlig anderes Gruppierungsverfahren geht auf H. HEYDE (1961, S. 185 ff.) zurück. Es bezieht sich jedoch nicht auf die Thematische Karte als solche, sondern auf die themakartographische Darstellung überhaupt und hat das Ziel, die Themakarte im engeren Sinne von Darstellungen verwandter Art abzugrenzen. Es wird also versucht, die Frage zu beantworten, ob eine erdraumbezogene Darstellung eine thematische Karte, eine statistische Karte, ein Kartogramm oder ein Kartodiagramm ist. Die Frage hat die kartographischen Gemüter schon oft bewegt. E. IMHOF hält sie für überflüssig. Dennoch sei der Vollständigkeit und des ganz anderen Aspektes wegen die von H. HEYDE vertretene Aufgliederung der „Angewandten Kartographie" — wie er sie noch bezeichnete — abschließend angegeben. Danach sind „angewandte Karten" (in unserem Sinne „Thematische Karten") solche, die Sachbereiche in positions- (d. h. in Übereinstimmung mit den geographischen Koordinaten) und situationstreuer Darstellung nach zweckentsprechenden Gesichtspunkten veranschaulichen (z. B. verschieden große Kreissignaturen positionstreu in die topographische Situation eingebettet). Statistische Karten veranschaulichen dagegen nur Werte in positionstreuer Darstellung mit und ohne qualitative Variation (z. B. die gleichen Kreissignaturen positionstreu, aber zur Orientierung nur noch verknüpft mit den allernotwendigsten topographischen Elementen). In Kartogrammen sind die Signaturen bestimmter Räume zusammengefaßt und weder positionstreu noch situationstreu dargestellt; sie sind nur noch raumtreu in bezug auf ihren Geltungsbereich. Die Signaturen geben weder die Einzelwerte noch die wirkliche räumliche Streuung wieder (z. B. zusammengefaßte Kreissignaturen oder auch Flächenraster, die stellvertretend für alle an irgendeinem Platz einer in bestimmter Weise abgegrenzten Fläche stehen). Kartodiagramme ergeben sich aus der vorigen Darstellung insofern, als etwa die positions- und situationslosen Signaturen zusätzlich als Diagramme ausgestaltet sind.

Die Darstellung der thematischen Substanz

Hierzu hat sich erstmals E. IMHOF im Jahre 1962 umfassend und zusammenhängend geäußert und — in Abkehr von den bisherigen Versuchen, die Themakartographie an Hand des vielschichtigen Themakataloges abzuhandeln — grundsätzlich einer Formenlehre der thematischen Kartographie das Wort geredet. Sie sei in ihrem Rahmengerüst wegen ihrer richtungweisenden Konzeption den eigenen Überlegungen vorangestellt.

I. Darstellung lokaler Dinge in Positions- und Ortsdiagrammkarten. Als Signaturen und Bildzeichen gelangen zur Anwendung geometrische und bildartige Kleinfiguren, Buchstaben und Ziffern, Mengen- oder Zahlenwertbilder, gegliederte Figuren.
1. Darstellung lokaler Dinge ohne Art- und Wert- oder Mengendifferenzierungen (z. B. einfache Standortkarte).
2. Darstellung lokaler Dinge mit Wert- und Mengendifferenzierungen (z. B. Produktionsleistung bestimmter Industriezweige) mit Hilfe der Zählrahmen-, Stab-, Block- oder Quadratmethode, der Kleingeldmethode, von Mengenfiguren, variabler Dimensionen (Stäbe, Kreisflächen, Kugelbilder, Quadrat-, Rechteckflächen, Würfel-, Quaderbilder usw.) und von Figuren für Mengenstufen.
3. Darstellung lokaler Dinge mit Art-Differenzierungen, aber ohne Wert- oder Mengenangaben durch Variation der Formen und Farben der Signaturen (z. B. Standortkarte mit zwei oder mehr Objektarten).
4. Darstellung lokaler Dinge mit Art- und Mengendifferenzierungen. Die Darstellungsformen von 2. und 3. sind hier zu kombinieren. Hinzu treten die leistungsfähigeren Diagramme (Zählrahmen-, Kleingeld-, Stab-, Kreisflächen-, Ring-, Fächerdiagramme).
5. Darstellung von reicher differenzierten Aussagen in Orts- und Positionsdiagrammen.

II. Darstellung von Sachverhalten in Karten mit Flächendiagrammen (z. B. Erwerbsstruktur). Jedem nach bestimmten Gesichtspunkten abgegrenzten Flächenstück ist ein Diagramm eingefügt, das eine Mitteilung über das ganze Flächenstück macht.

III. Darstellung von Sachverhalten in Form von Mosaikkarten (z. B. Hektarerträge). Die abgegrenzten Flächenstücke erhalten Flächentöne, die bestimmten, in der Legende erläuterten Aussagen zugeordnet sind.

IV. Darstellung von Sachverhalten als isolierte und Pseudo-Areale (z. B. Verbreitungsgebiet der Malaria). Hierbei ist das Interesse auf isolierte, nicht das ganze Kartenfeld füllende Sachverhalte gerichtet bzw. auf solche, die als Einzelobjekte in ihrer Streuung ein bestimmtes Vorkommensgebiet festlegen. Es sind Pseudoareale, weil die Abgrenzungen nicht wirklich vorhanden sind.

V. Darstellung von Sachverhalten in Streuungs-, Dichte- und Verteilungskarten.

1. Absolute Verteilungskarten oder Punkt-Streuungskarten.

a) Streuungskarten mit gleichartigen und gleichwertigen Mengensignaturen. Einfache Punktkarten (z. B. 1 Punkt = 10 Personen).

b) Streuungskarten mit ungleichwertigen Mengensignaturen (z. B. 1 Punkt = 10 Personen, 1 Quadrat = 100 Personen).

c) Streuungspunkte gemischt mit Mengen-Signaturen für einzelne Positionen.

d) Streuungskarten von Objekten, die in ihrer Art verschieden sind.

2. Relative Dichtekarten nach der statistischen Methode (z. B. Einw./km^2 administrativer Teilareale).

3. Relative Dichtekarte nach der geographischen Methode (z. B. Einw./km^2 natur- oder kulturräumlicher Teilareale).

4. Relative Dichtekarten mit Pseudo-Isolinien. Pseudo-Isolinien deshalb, weil es sich um Abgrenzungslinien von Arealen gleicher Dichte handelt, deren Ausgangsstruktur aber kein Kontinuum ist.

VI. Darstellung von Sachverhaltskontinua mit Hilfe von Isolinien bzw. von Farbtönungen der Flächen, die sich durch Isolinien abgrenzen lassen (z. B. Druckrelief der Atmosphäre).

VII. Lineare und bandförmige Darstellungen von gestreckten thematischen Objekten (topographische Linienelemente, geometrische Konstruktionslinien, Einflußlinien, Bewegungsrichtungen, Begrenzungslinien, Isolinien, Gefälls- und Stromlinien, z. B. Straßenbelastungskarte).

VIII. Kombinationen.

Die Konzeption der Formenlehre E. Imhofs ist ausgesprochen praxisbezogen. Ihr wird im folgenden eine theoriebezogene Konzeption an die Seite gestellt mit dem Ziel, weiterentwickelnd evtl. eine noch stärkere Konzentration in Richtung auf eine systematische Grundlegung zu erreichen. Dabei ergeben sich weitgehend übereinstimmende (vgl. S. 141 I, 1—4), z. T. aber auch abweichende Auffassungen, die als Ausgangspunkt zu weiterer Klärung zu verstehen sind.

Entsprechend der Schwerpunktslage der themakartographischen Arbeitsweise in der geographisch-kartographischen Kontaktzone fallen dem Themakartographen hier andere Aufgaben zu als in der topographischen Kartographie. Andere Aufgaben nach Art und Umfang, denn die Vielfalt des Themenkreises und seine Ungebundenheit gegenüber einer Tradition sowie Notwendigkeit und Möglichkeiten seiner wissenschaftlichen Durchdringung verlangen die Beherrschung der darstellbaren Substanz in ihrer Breite und Tiefe. Insbesondere gilt das für Struktur, Verflechtung und Genese der Substanz im Raum, auf welche die kartographisch angestrebten Analysen und Synthesen in jedem Fall bezogen sind. Arbeitsteilung in der Kartenherstellung und Beschränkung auf die nur graphische Gestaltung entfallen daher weitgehend, und der Aufgabenbereich des Themakartographen ist nicht auf das inhaltliche und graphische Gestalten von Karten beschränkt (vgl. S. 96), sondern reicht von der redaktionellen Stoffaufbereitung bis zum Kartendruck. Denn schon die Fixierung des Karteninhaltes (vgl. S. 52) muß an den graphischen und drucktechnischen Möglichkeiten orientiert werden, und die Steuerung an der Druckpresse erst gewährleistet den kartographischen Erfolg.

In diesem weiten Feld steht nun die Frage, in welcher Weise der Komplex der vielseitigen Thematik in geeignete graphische Ausdrucksformen umgesetzt werden kann. Ist es notwendig, jedes einzelne Thema in diesem Sinne individuell zu behandeln oder lassen sich vereinfachende Gruppierungen finden bzw. steckt in dem scheinbar komplizierten Erscheinungs- und Sachverhaltskomplex unter Umständen eine überschaubare Grundkennzeichnung, auf die er sich zurückführen läßt? Sicher ist, daß in bezug auf die redaktionelle Stoffaufbereitung und in bezug auf das inhaltliche Gestalten einer Karte jede Thematik für sich einer sehr sorgsamen Sonderbehandlung bedarf. Auf sie einzugehen, ist in diesem Rahmen nicht möglich, denn das würde auf eine Detailbetrachtung des gesamten Themenkataloges hinauslaufen. Aber an dieser Stelle entsteht das Kernproblem der thematischen Kartographie, nämlich die Frage, in welcher Weise jede aufbereitete darstellbare Substanz in einen entsprechenden graphischen Ausdruck umgesetzt werden kann. Mit E. Arnberger (1966, S. 184) sind wir der Ansicht, daß es eine befriedigende Lösung nur dann gibt, wenn es gelingt, die „Objektgesetzlichkeit und graphische Eigengesetzlichkeit aufeinander abzustimmen".

Gibt es in der Vielfalt der Thematik die Objektgesetzlichkeit oder gibt es für jedes Thema eine, mit anderen Worten: Gibt es die überschaubare Grundkennzeichnung des gesamten Komplexes der erdraumbezogenen Erscheinungen und Sachverhalte, durch die sie alle in notwendiger und hinreichender Weise einheitlich bestimmbar sind oder gibt es sie nicht? Eine Querschnittsuntersuchung führt zu folgendem bejahendem Ergebnis: Jede in der Karte darstellbare erdraumbezogene Substanz läßt sich erschöpfend bestimmen durch die Kennzeichnung ihrer *Lage* im *Raum* einerseits, in der *Zeit* andererseits, durch die Kennzeichnung ihrer *Wesenheit* nach Qualität *(Art)* einerseits, nach Quantität *(Wert)* andererseits[1].

Die Lagekennzeichnung beschreibt also die externe, die Wesenheitskennzeichnung die interne Bezogenheit. Erstere kann vorerst für die folgende Betrachtung vernachlässigt werden, denn mit der Einzeichnung von Erscheinungen und Sachverhalten in eine Karte ist eo ipso ihre Lage im Raum fixiert. Die Kennzeichnung in der Zeit kann insofern unberücksichtigt bleiben, als die weiteren Überlegungen zunächst nur der Masse der Darstellungen, den statischen gelten sollen. Daraus geht bereits hervor, daß die Lagekennzeichnung in Raum und Zeit erst in der dynamischen oder kinematischen und genetischen Kartographie bedeutungsvoll wird. Es bleibt also übrig: die Kennzeichnung der Substanzmerkmale selbst nach Art und Wert, und zwar in bezug jeweils nur immer auf deren Gleichheit oder Verschiedenheit, so daß daraus vier Merkmalskombinationen der darstellbaren Erscheinungen und Sachverhalte resultieren. Diese können sein: a) artverschieden aber wertgleich, b) artgleich aber wertverschieden, c) artverschieden und wertverschieden, d) artgleich und wertgleich (vgl. Tab. 12).

In dieser Vierheit der Aussage mündet die Vielheit der Thematik letztlich ein, mit anderen Worten, es sind zwei Darstellungskomponenten zu finden, die den beiden Objektkomponenten „Art" und „Wert" in eindeutiger Weise entsprechen. Um nun diese Aussagen in Karten darzustellen, bedarf es der graphischen Umsetzung. Auch hierbei besitzt selbstverständlich die auf S. 51 in der Grundaufgabe der Kartographie erhobene Forderung Gültigkeit, ein Bild zu entwerfen, das eine der Wirklichkeit entsprechende Vorstellung hervorruft. Das bedeutet hier, den graphischen Ausdruck zu finden, der den vier Merkmalskombinationen adäquat ist. Um hierbei Lückenlosigkeit zu gewähr-

---

[1] Die gebräuchlichen Begriffe „Qualität" und „Quantität" werden hier und in den weiteren Ausführungen gegen „Art" und „Wert" ausgetauscht, und zwar aus folgenden Gründen: Der Begriff „Qualität" wird in der Umgangssprache oft im Sinne einer Wertung verwendet (bessere und mindere Qualität). Andererseits erfaßt der Begriff „Quantität" nicht den gesamten hier gemeinten Bereich des „Wertes", wie etwa die nichtmeßbare subjektiv begründete Bewertung und Betonung eines Sachverhaltes (vgl. S. 145). Hier wäre der Begriff „Quantität" unangebracht. Im Interesse also einer reinlichen Scheidung erfolgt der Austausch, wobei darauf hingewiesen sei, daß der Begriff „Wert" nicht nur den Wert als solchen beinhaltet, sondern auch Menge, Größe, Gewicht, Masse usw.

leisten und jede mögliche Einengung der Behandlung von Themen in Karten auszuschalten, muß erläuternd darauf hingewiesen werden, daß der Wertbegriff auch die subjektive Bewertung (Wertbeimessung) mitbeinhaltet, also nicht ausschließlich den objektiv meßbaren Wert, der der darzustellenden Substanz selbst innewohnt. Somit kann es vorkommen, daß objektive Wertverschiedenheiten durchaus als Wertgleichheiten behandelt werden können, dann nämlich, wenn sie subjektiv wertbelanglos sind — und objektive Wertgleichheiten müssen gegebenenfalls als Wertverschiedenheiten behandelt werden, wenn subjektiv bestimmte Betonungen vorliegen. Zur Verfügung stehen im Grunde zwei graphische Ausdrucksmittel:

1. die Formen als Punkt, Linie und Fläche,
2. die Farben als bunte und unbunte Farben.

Bei den graphischen Formen (1) sind zu unterscheiden:

a) die Signaturen einschließlich der ihnen unterzuordnenden Symbole,
b) die in der Natur vorhandenen einschließlich der im Zuge der Stoffbearbeitung erschlossenen Formen (Begrenzungen, Areale usw.). Letztere können zunächst außerhalb der Betrachtung bleiben, denn sie gewinnen in unserem Sinne erst Bedeutung im Zusammenhang mit den Farben. Für die Signaturen läßt sich leicht einsehen, daß sie sich den vier Merkmalskombinationen in der geforderten adäquaten Weise zuordnen lassen, insofern als Gleichheit und Verschiedenheit der Art von Erscheinungen und Sachverhalten bzw. von Aussagen über diese durch Gleichheit und Verschiedenheit der Signaturformen (Quadrate, Dreiecke, Kreissektoren usw.) und entsprechend Gleichheit und Verschiedenheit des Wertes durch Gleichheit und Verschiedenheit in Größe bzw. auch Menge der Signaturen zum Ausdruck gebracht werden können.

Auf den ersten Blick etwas problematisch erscheinen die Verhältnisse bei Verwendung von Farben, zunächst der bunten. Wieder liegt eine Vielfalt vor, deren Ordnung es zu erkennen gilt. Damit beschäftigt sich die Farbenlehre seit DESCARTES; sie hat ihre Ergebnisse in Form verschiedener Ordnungssysteme vorgelegt (Farbkreis und Farbdoppelkegel nach W. OSTWALD, Farbkreis und Farbkugel nach H. SCHIEDE u. a.), auf die im einzelnen einzugehen hier nicht möglich ist, obwohl die wissenschaftliche Kartographie sich sehr wohl und dringend mit Fragen der Farbpsychologie, Farbharmonie und vor allem der Farbmetrik auseinandersetzen sollte, um ihr wichtigstes Ausdrucksmittel nicht nur irgendwie zu gebrauchen, sondern es in mehrerlei Hinsicht logisch zu verwenden. Gleichgültig nun, welches Ordnungssystem man bevorzugt, für den vorliegenden Zweck genügt die Demonstration am zwölfteiligen Farbkreis (vgl. Farbbeilage), der aus den drei Grundfarben Gelb, Rot und Blau sowie den Mischfarben 1. Ordnung (diejenigen 2. Ordnung sind aus Gründen der Vereinfachung ausgelassen) aufgebaut ist und gleichsam eine zum Kreisring gebogene Spektralreihe mit der Nahtstelle im Rot-Violett darstellt[1]. Gegenüber der Signatur bestehen hier die Erschwernisse, daß Farben nicht zwei-, sondern mehrdimensional sind und daß sich ihre Komponentenwerte nur sehr schwer oder gar nicht eindeutig bestimmen lassen. Auf der anderen Seite ist die Farbe das themakartographische Ausdrucksmittel, vor allem deshalb, weil mit ihrer Hilfe die Darstellungsmöglichkeiten erheblich erweitert werden und weil sie insbesondere der Flächentönung am ehesten und besten gerecht wird. Es muß also versucht werden, auch hier eine adäquate Zuordnung zu der vierteiligen Merkmalskombination der Erscheinungen und Sachverhalte zu finden. Kartographisch von Belang sind folgende drei Farbkomponenten (vgl. Farbbeilage: Farbkreis):

1. der Farbton (Grün, Blau, Violett usw.),
2. das Farbgewicht (Helligkeitsunterschiede innerhalb der Farbtonfolge),
3. die Farbintensität (Helligkeitsabstufung innerhalb eines Farbtones, vgl. roten Farbkeil im Farbkreis).

Weil nun die Aussagen über Erscheinungen und Sachverhalte zweidimensionaler Natur sind, ist es notwendig, entsprechend die Farbkomponentenzahl von drei auf zwei zu reduzieren. Das läßt sich erreichen durch folgende Überlegung: Werden die Farbtöne irgendeiner Folge — hier wird, wie erwähnt, auf die Spektralfolge Bezug genommen — jeweils in ihrem Sättigungsgrad von 0 % (Weiß) bis 100 % (Vollton) nebeneinander aufgereiht, so entsteht ein Sättigungsdiagramm (vgl. Abb. 48). In ihm sind alle drei Komponenten enthalten:

1. der Farbton, in der Abszissenrichtung abgewandelt,
2. das Farbgewicht als Helligkeitsunterschied zwischen den Farbtönen gleichen Sättigungsgrades und
3. der Sättigungsgrad, in der Ordinatenrichtung abgewandelt.

Diesem Diagramm ist zu entnehmen, daß Farbgewicht und Sättigungsgrad optisch in gleicher Richtung wirken, daß sie nämlich jeweils sich abwandeln von Hell nach Dunkel bzw. umgekehrt. Ein Gelb wirkt heller als ein Violett gleichen Sättigungsgrades, und ein Gelb wirkt ebenso heller wie das gleiche Gelb eines höheren Sättigungsgrades. Das legt den Schluß nahe, daß sich bei gegenläufiger Kombination von Gewicht und Sättigung verschiedene Farbtöne gleicher Helligkeit finden, daß also Gewicht und Sättigung sich in einer neuen Komponente, der „Farbintensität", vereinigen lassen. Entsprechend ergibt sich

---

[1] Im Spektrum fehlt natürlich eine große Zahl von Farben, nämlich es fehlen alle die, welche nicht aus Nachbarschaftsmischungen hervorgehen. Dennoch sind die hier zu gewinnenden Erkenntnisse auf den gesamten Farbbereich übertragbar, gleichgültig, welche Ordnungssysteme zu Grunde gelegt werden.

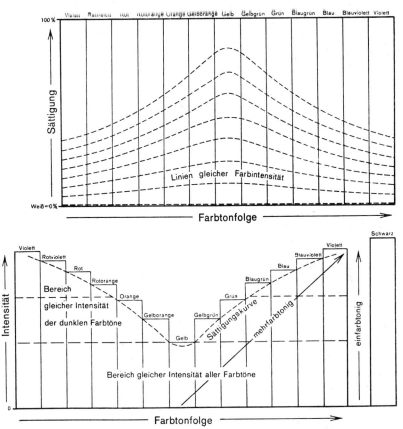

Abb. 48: *Sättigungs- und Intensitätsdiagramm*

durch Verbindung der Farbtöne gleicher Helligkeit bzw. Dunkelheit eine Schar von Linien gleicher Farbintensität. Danach ist ein stark gesättigtes Gelb in seiner Helligkeit vergleichbar einem weniger gesättigten Violett. Zu beachten ist dabei, daß die Sättigungsdifferenzen, die für gleiche Intensitäten unterschiedlicher Farbtöne Voraussetzung sind, mit abnehmender Sättigung kleiner werden, daß also ein wenig gesättigtes Gelb gleich hell wirkt wie ein Violett fast gleich geringer Sättigung. Andererseits wachsen die Sättigungsdifferenzen in umgekehrter Richtung, so daß einem gesättigten Violett kein noch so gesättigtes Gelb mehr entsprechen kann.

Dieser Sachverhalt wird deutlicher im Intensitätsdiagramm (vgl. Abb. 48), in welches das Sättigungsdiagramm durch Streckung der Intensitätskurven übergeführt werden kann. Hierin offenbart sich das Ergebnis im Sinne der Problemstellung, daß nämlich nunmehr auch im Bereich der Farben die beiden gesuchten Darstellungskomponenten gefunden sind, die sich den Objektkomponenten in folgender Weise zuordnen lassen: Der „Art" entspricht der Farbton, dem „Wert" entspricht die Farbintensität — und der Artverschiedenheit entspricht die gleich intensiv gehaltene Farbtonfolge im Kreisring oder in der Abszissenrichtung, der Wertverschiedenheit die Intensitätsabstufung im Farbkeil oder in der Ordinatenrichtung (Intensitätszunahme innerhalb eines Farbtones = einfarbtonige Intensitätsabstufung).

Es bietet sich jedoch noch eine zweite Intensitätsabstufung an, die im Farbkreis (vgl. Farbbeilage) einen gekrümmten zentripetalen, im Intensitätsdiagramm (vgl. Abb. 48) einen diagonalen Verlauf hat. Sie ist gleichsam eine Kombination der einfarbtonigen Intensitätsabstufung und der Farbtonfolge insofern, als sie zur Intensitätssteigerung nicht einen Farbton, sondern eine Reihe benachbarter Farbtöne (eine Farbgruppe) benutzt. Wohlgemerkt, sie unterscheidet sich aber sowohl von der intensitätsgleichen bloßen Farbtonfolge als auch von der eintonigen Intensitätsabstufung, ist jedoch dieser ihrer Funktion nach verwandt. In der Anwendung ist sie der einfarbigen Abstufung sogar überlegen, weil sie durch ihre besseren Farbkontraste in der Lage ist, weitergespannte Wertereihen einzufangen. Das insbesondere dann, wenn sie ihren Anfangspunkt im Gelb hat und sowohl in rot-violetter als auch in blau-violetter Richtung benutzt werden kann. Mit solcher Feststellung wird deutlich, daß im Hintergrund das Farbgewicht noch eine Rolle spielt, weil es nicht völlig unterdrückt werden kann — gleichsam zum Vorteil einer zweiten und sehr wichtigen Möglichkeit —, nämlich auch mehrfarbtonige Intensitätsstufen zu bilden. Im Intensitätsdiagramm spiegelt sich dieser Sachverhalt darin, daß mit der Überführung des Sättigungs- in das Intensitätsdiagramm gleichzeitig eine zunehmende Stauchung der Sättigungsgradation von den schweren zu den leichten Farben hin verbunden ist. Sie besagt zweierlei,
1. daß bei den leichten Farben (Gelb) der maximale Intensitätswert sehr viel eher erreicht ist als bei den schwereren Farben (Violett), daß demgemäß bei den letzteren eine differenziertere Intensitätsabstufung möglich ist als bei den leichten Farben,
2. daß sich zwei Bereiche gleicher Intensität einstellen:
a) der Bereich gleicher Intensität aller Farbtöne, der nach oben durch das Intensitätsmaximum der leichtesten Farbe begrenzt wird;
b) der Bereich gleicher Intensität nur der schwereren Farbtöne — nach unten begrenzt von der Abszissenparallele durch das Intensitätsmaximum der leichtesten Farbe, nach oben begrenzt durch die Sättigungskurve. Daraus folgt, daß für eine gleichintensive Farbgebung nur dann alle Farbtöne zur Ver-

Tab. 12: *Zuordnung von thematischer Aussage und graphischem Ausdruck*[1]

Aussage über Erscheinungs- und Sachverhalte Art / Wert	Farben Ton / Intensität	Graphische Darstellung durch Raster (Einschränkungen vgl. S. 153) Muster / Dichte	Signaturen Form / Größe oder Menge
a) artverschieden — wertgleich (wertbelanglos)	tonverschieden — intensitätsgleich	musterverschieden — dichtegleich	formverschieden — größen- oder mengengleich
b) artgleich — wertverschieden (wertbetont)	1. tongleich — intensitätsverschieden (einfarbtonige Intensitätsstufung)	1. mustergleich — dichteverschieden (Dichteabstufung innerhalb eines Musters)	formgleich — größen- oder mengenverschieden
	2. tongruppengleich — intensitätsverschieden (mehrfarbtonige Intensitätsstufung)[2]	2. mustergruppengleich — dichteverschieden (Dichteabstufung innerhalb einer Gruppe von Mustern)	
c) artverschieden — wertverschieden (wertbetont)	1. tonverschieden — intensitätsverschieden (einfarbtonige Intensitätsstufung)	1. musterverschieden — dichteverschieden (Dichteabstufung innerhalb eines Musters)	formverschieden — größen- oder mengenverschieden
	2. tongruppenverschieden — intensitätsverschieden (mehrfarbtonige Intensitätsstufung)	2. mustergruppenverschieden — dichteverschieden (Dichteabstufung innerhalb einer Gruppe von Mustern)	
d) artgleich — wertgleich (wertbelanglos)	tongleich — intensitätsgleich	mustergleich — dichtegleich	formgleich — größen- oder mengengleich

[1] Vgl. Farbbeilagen.
[2] Die Aufspaltung in 1. und 2. rührt daher, daß in den Farbkörpern jedweder Art und den daraus hervorgehenden konzentrischen Farbkreisringen jeweils immer zwei Möglichkeiten der Intensitätssteigerung bestehen, nämlich einmal innerhalb eines Tones (einfarbtonig) und zum anderen im Bereich einer ganzen Gruppe benachbarter **Töne** (mehrfarbtonig). Der Aufbau der Intensitätsstufen erfolgt dann in der Weise, daß die nächsthöhere Intensitätsstufe Schritt für Schritt jeweils immer dem folgenden Farbton entnommen wird.

fügung stehen, wenn nicht größere Farbintensitäten verlangt werden als der gesättigte leichteste Farbton hergibt. Verlangt dagegen die Darstellung intensive Farbgebung, so stehen in demselben Maße, wie das Intensitätserfordernis zunimmt, nur die schwereren Farbtöne zur Verfügung.

Auf Grund dieser Überlegungen ist es nun möglich, das *Grundprinzip der Zuordnung von thematischer Aussage und graphischem Ausdruck* in folgender Weise zu formulieren (vgl. Tab. 12):

a) Sind artverschiedene, aber wertgleiche (wertbelanglose) Erscheinungen und Sachverhalte darzustellen, so geschieht das durch tonverschiedene, aber intensitätsgleiche Farben (vgl. Farbbeilage: Darstellung für artverschiedene-wertgleiche Sachverhalte) oder durch musterverschiedene, aber dichtegleiche Raster[1] oder durch formverschiedene, aber größen- bzw. mengengleiche Signaturen oder durch Kombination dieser.

b) Sind artgleiche, aber wertverschiedene (wertbetonte) Erscheinungen und Sachverhalte darzustellen, so geschieht das durch tongleiche oder tongruppengleiche, aber intensitätsverschiedene (einfarbtonig oder mehrfarbtonig) Farben (vgl. Farbbeilage: Darstellung für artgleiche-wertverschiedene Sachverhalte) oder durch mustergleiche oder mustergruppengleiche, aber dichteverschiedene Raster oder durch formgleiche oder größen- bzw. mengenverschiedene Signaturen oder durch Kombinationen dieser.

c) Sind artverschiedene und wertverschiedene (wertbetonte) Erscheinungen und Sachverhalte darzustellen, so geschieht das durch tonverschiedene oder tongruppenverschiedene und intensitätsverschiedene (einfarbtonig oder mehrfarbtonig) Farben oder durch musterverschiedene oder mustergruppenverschiedene und dichteverschiedene Raster oder durch formverschiedene und größen- und mengenverschiedene Signaturen oder durch Kombination dieser (vgl. Farbbeilage: Darstellung für artverschiedene-wertverschiedene Sachverhalte).

d) Sind artgleiche und wertgleiche (wertbelanglose) Erscheinungen und Sachverhalte darzustellen, so geschieht das durch tongleiche und intensitätsgleiche Farben oder durch mustergleiche und dichtegleiche Raster oder durch formgleiche und größen- bzw. mengengleiche Signaturen oder durch Kombination dieser (vgl. Farbbeilage: Darstellung für artgleiche-wertgleiche Sachverhalte).

Die Anwendung von bunten Farbtönen ist in der Kartographie nur sinnvoll, wenn sie formbezogen sind, d. h. wenn sie formgebend (farbige Linien) oder formfüllend sind (farbige Flächen). Es gibt nur eine Ausnahme dann, wenn ein Kontinuum adäquat, d. h. mittels kontinuierlicher Farbübergänge,

---

[1] Zu den jeweiligen Angaben für Raster vgl. S. 153.

darzustellen ist (vgl. S. 159). Im Bereich der Diskreta jedoch können sie nur angewandt werden in Verbindung mit den Signaturen oder in Verbindung mit den natürlichen und erschlossenen Formen. In letzterer Verbindung sind die Farben selbst aussagebestimmend und werden entsprechend dem ersten Zuordnungsprinzip und den Angaben in Tabelle 12 angewandt, und zwar allein für sich ohne Kombination mit Signaturen. Beispiele für derartige Darstellungen sind die Farbbeilagen (Nordamerika — Staaten) und (Nordamerika — Bevölkerungsdichte). Im ersten Fall sind natürliche Formen aus dem anthropogeographischen Bereich vorgegeben, im zweiten erschlossene Formen. Der dargestellte Sachverhalt in der Farbbeilage (Nordamerika — Staaten) ist artverschieden-wertgleich bzw. wertbelanglos, denn das Thema fragt lediglich nach der Lage (die ja in die Thematik immer mit eingeht) der verschiedenen Staaten, schließt aber jede Bewertung aus. Es muß also nach dem Zuordnungsprinzip (Absatz a bzw. Tab. 12, a) verfahren werden, d. h. der vorliegende Sachverhalt ist graphisch mit Hilfe verschiedener Farbtöne aber gleicher Intensität zum Ausdruck zu bringen. In der Darstellung Farbbeilage (Nordamerika — Bevölkerungsdichte) liegt umgekehrt ein artgleicher—wertverschiedener Sachverhalt vor, denn nur nach der Bevölkerungsdichte, d. h. nach verschiedenen Werten, ist gefragt, da immer die gleiche Sachverhaltsart, nämlich die Relation zwischen Bevölkerungszahl und der von ihr bewohnten Fläche zugrunde liegt. Folglich ist nach dem Zuordnungsprinzip Absatz b bzw. Tab. 12, b zu verfahren und eine Farbintensitätsabstufung vorzunehmen. Das ist geschehen mit Hilfe einer Tongruppe im gelb-roten Farbbereich (mehrfarbtonig).

Die Verbindung von Signaturen und Farbe ändert an der Aussagebedeutung beider, wie sie im Zuordnungsprinzip angegeben ist, nichts, wenn sinnvolle Kombinationen vorgenommen werden. Mathematisch gesehen ist ja eine Vielzahl von Kombinationen zwischen Farbton, Farbintensität einerseits und Form und Größe bzw. Menge der Signaturen andererseits möglich. Als kartographisch sinnvoll erweisen sich jedoch nur einige (vgl. Tab. 13). Grundsätzlich kann die Farbgebung in der Kombination mit Signaturen zu zwei Effekten führen, nämlich zum Effekt lediglich der optischen Betonung ohne Aussagewirksamkeit der Farbe und zu einer solchen mit Aussagewirksamkeit der Farbe. Der erste kann bei allen vier Aussagemöglichkeiten über Art und Wert von Erscheinungen und Sachverhalten (vgl. Tab. 13) dadurch erreicht werden, daß jeweils die Signatur in einem Farbton ausgeführt wird. Dabei können — wie das auch allgemein üblich ist — die unbunten Farben Schwarz, Grau und Weiß mitverwendet werden, denn sie haben keine Aussagefunktion. Das Darstellungsverfahren ist in der Farbbeilage (Nordamerika — Millionenstädte) angewendet worden. Dieses Beispiel steht für den Fall der Art- und

Wertgleichheit (Tab. 12, d) in kombinierter Darstellung von Farbe und Signatur (Zuordnungsprinzip, Absatz d, Kombination).

Der zweite Effekt ist nur dann erzielbar, wenn Artverschiedenheiten vorliegen, also für die Fälle a und c in Tab. 12 bzw. die Kombinationsfälle in den Absätzen a und c des Zuordnungsprinzips. Diese Artverschiedenheiten werden ja durch formverschiedene Signaturen dargestellt, und diese nun können zur optischen Betonung aussagewirksam mit verschiedenen Farbtönen kombiniert werden. Darüber hinaus ergibt sich eine weitere Möglichkeit der Kombination, indem die Bedeutungsrollen von Farbe und Signatur getrennt werden. Die verschiedenen Farbtöne übernehmen dann die Kennzeichnung der Artverschiedenheit, die Signatur selbst übernimmt die Kennzeichnung der Wertverschiedenheit. In solchem Falle bleiben die Signaturformen gleich, nur ihre Größen bzw. Mengen variieren. Dieses Verfahren hat den Vorteil der besseren Wertvergleichbarkeit. Ein solches Beispiel ist in der Farbbeilage (Nordamerika–Steinkohlen- und Eisenerzförderung) wiedergegeben. Da die in die Kombination eingehenden Farben nur Artverschiedenheiten zu kennzeichnen haben, mithin nur ihre intensitätsgleichen Farbtöne aussagewirksam sind, können auch hier Schwarz und Grau — nicht aber Weiß — verwendet werden unter der Voraussetzung, daß sie nur mit bestimmten bunten Tönen gleicher oder wenigstens ähnlicher Farbintensität auftreten. Das kann für Schwarz vertretbar sein in der Nachbarschaft der schwergewichtigen bunten hochgesättigten Vollfarben, jedoch nur dann, wenn es sich — wie bei den Signaturen — um relativ kleine Formen handelt (vgl. S. 157). Ein Grau dagegen ist uneingeschränkt verwendbar, wenn es nur jeweils in seiner Farbintensität mit den gewählten bunten Farben übereinstimmt. Weiß dagegen hat die Intensität 0 und unterscheidet sich daher im Farbton nicht von den bunten Farben gleicher Intensität, bzw. es hat praktisch kein Analogon in der bunten Farbtonfolge.

Auf Wertverschiedenheiten ist die Kombination von Farbe und Signatur nicht anwendbar, einfach deswegen nicht, weil die feinen Unterschiede der Farbintensitätsstufung, auf Signaturen verteilt, nicht erkennbar bleiben.

Bisher war in der Hauptsache nur die Rede von den bunten Farben, und es entsteht die ganz selbstverständliche Frage nach der kartographischen Verwendbarkeit auch der unbunten. Beide stehen ja doch in scharfer Konkurrenz untereinander, wenn es um Kostenfragen geht, und sehr viele thematische Karten werden aus diesen Gründen in Schwarzweiß ausgeführt. Wie leistungsfähig ist also die unbunte Farbe? Unter ihr wird zunächst einmal die Grau-Skala mit den Endpunkten Schwarz und Weiß verstanden. Sie erscheint nicht in unserem Farbkreis der Spektralfarben, aber sie bildet jeweils die Achse der Farbkörper, also des Farbdoppelkegels von W. Ostwald und der Farbkugel von H. Schiede. Daraus geht bereits hervor, daß sie eine

Sonderstellung hat und nicht in gleicher Weise wie die bunten Farben anwendbar ist. Tatsächlich geht ihr Anwendungsbereich nicht über den eines einzigen bunten Farbtones hinaus, d. h. der Farbton Grau ist nur anwendbar in der Intensitätsrichtung. Damit entfällt also die Kennzeichnungsmöglichkeit für Artverschiedenheiten. Grau ist nur verwendbar für die Darstellung artgleicher—wertverschiedener Erscheinungen und Sachverhalte (Tab. 12, b bzw. Zuordnungsprinzip, Absatz b). Dennoch ist zu untersuchen, ob mit der Grauskala als zentraler Achse nicht auch ein unbunter Farbkörper zu finden ist, auf dem sich ähnlich wie bei den bunten Farbkörpern konzentrische Farbtonkreisringe oder Farbtonfolgen gleicher Farbintensität bzw. Farbtonkeile oder Farbtonfolgen mit Intensitätsabwandlungen entnehmen lassen. Wenn man einmal Grau rein technisch betrachtet, dann ist der Ton das Ergebnis im allgemeinen einer feinsten Punkt-, Linien- oder Kreuzlinienrasterung, deren Einzelbestandteile das menschliche Auge nicht mehr wahrnehmen kann. Erst nach Vergrößerung wird das Rastermuster in der kennzeichnenden Regelmäßigkeit der Anordnung seiner Elemente sichtbar. Wenn man nun von solchen Makrorastern[1] ausgeht, so liegen mit ihnen bereits mehrere elementare schwarzweiße, d. h. unbunte Grundmuster vor, aus denen sich die Grauachse entwickeln läßt. Diese Muster lassen sich dadurch vermehren, daß man weitere Varianten (z. B. bei der Linie die verschiedensten Schraffuren) und unter Umständen weitere geometrische Zeichen unterschiedlicher Gestalt in regelmäßiger Anordnung sowie darüber hinaus auch Kombinationen bzw. Mischungen zuläßt. Alle diese Muster können im Grunde genommen als die Welt der unbunten Farben den bunten Farben gegenübergestellt werden, denn auch sie lassen sich nach Farbton (Rastermuster), Farbgewicht (Hell-Dunkel-Ordnung der Muster) und Farbintensität (Verdünnung bzw. Verdichtung der Muster) in konzentrischen Kreisringen oder Farbtonfolgen durch Mischungen von Grundmustern (unbunter Farbkreis) farblogisch ordnen (vgl. Abb. 49). Absolute Konformität besteht aber nicht, weil offenbar der Dreiheit der Grundelemente im bunten Farbbereich (Gelb, Rot, Blau) nur eine Zweiheit der Grundelemente (Punkt, Linie) im unbunten Farbbereich entspricht. Als zweites ist zu beachten, daß bei Mischungen von bunten Farben neue Farbtöne entstehen, in denen die Mischbestandteile selbst nicht mehr sichtbar sind. Bei der Mischung von unbunten Farben dagegen bleiben in den neuentstehenden Rastermustern die Mischbestandteile als solche erkennbar.

Diese beiden Unterschiede haben natürlich eine einschränkende Wirkung auf die Anwendung dieses Systems im Sinne des Zuordnungsprinzips. Es entfällt die Anwendung der unbunten Farbe als Rastermuster — also mit

---

[1] Es wird unterschieden zwischen dem technischen oder Mikroraster und dem manuell gefertigten oder Makroraster.

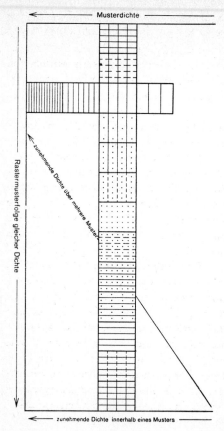

Abb. 49: *Rasterdiagramm*

Ausnahme von Schwarz, Grau und Weiß — weitgehend für Flächenfüllungen dann, wenn die Flächen eine bestimmte Größenordnung unterschreiten, unterhalb welcher die Rastermuster optisch keine flächenhafte Wirkung mehr haben. Das gilt sowohl für die natürlichen und erschlossenen Flächen sowie für die Kombination mit Signaturformen, wirkt sich aber auf letztere eher aus, weil diese von Natur aus fast immer Kleinformen sind. Ebenfalls nur eingeschränkt verwendbar sind die Raster bei der Darstellung **artverschiedener—wertverschiedener** Sachverhalte (Tab. 12, c 2), wenn die Dichteabstufung über zwei und mehr Gruppen von Mustern laufen soll (z. B. Zu- und Abnahmedarstellungen). Über eine Karte verteilt, geht die beabsichtigte Rasterordnung verloren. Möglicherweise ist dieser Mangel jedoch durch Gewöhnung an bestimmte Rastersysteme zu beheben. Im übrigen gilt aber das Zuordnungsprinzip auch hier uneingeschränkt.

Mit der Gewinnung eines unbunten Farbtonkreises oder einer Farbtonfolge in Form von Rastermustern sind die graphischen Darstellungsmöglichkeiten offenbar verdoppelt worden. Sie lassen sich jedoch weiterhin dadurch vervielfachen, daß man nun das gewonnene Rastersystem im unbunten Farbbereich gleichsam wieder rückwärts überträgt auf den bunten Farbbereich, denn jeder bunte Farbton für sich kann ja letzten Endes in der gleichen Weise wie der Grauton behandelt, d. h. in Rastermuster umgesetzt werden. Wenn darüber hinaus bedacht wird, daß alle bisher angesprochenen Rastermuster auf dem Kontrast zwischen Schwarz bzw. allen bunten Farbtönen gegen Weiß (Papierunterlage) beruhen, und dieser weiße Grundfarbton seinerseits durchaus wieder durch alle bunten Farbtöne ersetzbar ist, so ergibt sich im Bereich der Rastermuster eine unübersehbare Vielfalt der Darstellungsmöglichkeiten. Und es entsteht nun die berechtigte Frage — nicht wie die Themenvielfalt mit den zunächst als beschränkt erkennbaren graphischen Mitteln von Farbe und Form zu bewältigen ist —, sondern umgekehrt, wie die erkannte Vielfalt der Darstellungsmittel auf die vier Grundaussagen im thematischen Bereich sinnvoll angewendet werden kann. Die Zuordnung von thematischer Aussage und graphischem Ausdruck ist also noch einmal von diesem Bereich aus — gleichsam durch „Rückwärtseinschneiden" — zu überprüfen.

Wenn eine sinnvolle Anwendung der graphischen Ausdrucksmittel angestrebt werden soll, so ist auch diese in erster Linie herzuleiten von der Entsprechung von Ausdruck und Aussage. Da die graphischen Darstellungsmittel aber weite Möglichkeiten offenlassen, es so oder so zu machen, muß offenbar über das Zuordnungsprinzip hinaus, aber doch in seinem Rahmen, eine Feinregelung erfolgen, die als maxima regula cartographica die folgenden Axiome der Kartographie berücksichtigt: die Richtigkeit, die Eindeutigkeit, die Vergleichbarkeit, die Klarheit und die Schönheit. Von hier aus ist ein Leitliniensystem als Grundrahmen der themakartographischen Methodik aufzubauen, das ebenso der themakartographischen Anarchie Grenzen setzt wie es der Gestaltungsinitiative im Hinblick auf beste Ergebnisse den notwendigen Spielraum läßt. Die Werke von E. Arnberger und W. Witt sind in dieser Richtung als entscheidende Schritte nach vorn anzusprechen. Der Grundrahmen als ein auf den Axiomen logisch entwickeltes Leitliniensystem in vollkommener Integration existiert aber noch nicht. Vorerst besteht das „System" noch immer nur aus einer Summe einzelner aneinandergereihter Empfehlungshinweise, von denen die wichtigsten in folgendem angerissen werden.

Bei der Umsetzung gleichgearteter oder verschiedengearteter Substanzen in einen adäquaten graphischen Ausdruck besteht zunächst freie Wahl der Farbtöne, der Rastermuster und der Signaturformen. Sind hierbei steuernde Gesichtspunkte notwendig und sind solche vorhanden? An sich ist es möglich, die Erläuterung des Dargestellten einem Zeichenschlüssel (Kartenlegende) zu überlassen, einem Vokabular also, mit dessen Hilfe die Rückübersetzung erfolgen kann. So wenig aber wie Vokabeln schon eine Sprache ausmachen, so wenig ist die Legende geeignet, eine Karte sprechen zu lassen. Und wenn überdies gleiche Karteninhalte durch verschiedenerlei Legenden erläutert werden, dann ist der Sinn der kartographischen Darstellung ihrer Unvergleichbarkeit wegen ad absurdum geführt. Selbstverständlich muß jede kartographische Darstellung mit einer Legende versehen sein, mit einer sehr detaillierten sogar (eine sehr oft nicht beachtete Notwendigkeit), aber sie hat nur die Funktion einer Hilfestellung, um Wertangaben und Feinheiten erkennen und evtl. auftretende Unklarheiten beseitigen zu können. Das Wesentliche aber der beabsichtigten Aussage muß das Kartenbild selbst widerspiegeln. Dazu ist eine kartographische Syntax notwendig, die sich zunächst auf die Farbgebung bezieht und etwa folgende Leitlinien (Leitsätze) enthalten sollte:

1. Bei jeder Darstellung von artverschiedenen Erscheinungen oder Sachverhalten ist in der Reihenfolge entweder der konventionell festgelegte Farbton (z. B. Jura = blau) zu wählen oder nach dem Prinzip der Vorstellungsverknüpfung ein assoziativer (Wald = grün) oder ein nach dem Gesetz der Kontrastharmonie im Gesamtbild akzentuierter.

2. Sind artverschiedene Erscheinungen und Sachverhalte geringer Artanzahl darzustellen, so ist — wie im 1. Leitsatz angegeben — zunächst konventionell, dann assoziativ, schließlich kontrastbetont zu verfahren, wobei zu beachten ist, daß a) die Intensitätsgleichheit eingehalten wird, b) Farbtöne nicht zu unterschiedlichen Gewichts gewählt werden und c) für Handkarten die Farbintensität klein (zarte Töne), für Wandkarten groß (kräftige Töne) gehalten wird.

3. Sind artverschiedene Erscheinungen und Sachverhalte großer Artanzahl darzustellen, so gelten Konvention und Assoziation, sofern die Artanzahl damit bewältigt werden kann. Andernfalls muß auf eine erforderliche Vielzahl von Farbtönen zurückgegriffen werden, die dem Intensitätsring angehören soll, der einerseits die verschiedene Farbgewichtigkeit am besten ausschaltet, andererseits aber noch genügend gute Kontraste enthält.

Im Zusammenhang mit dem 3. Leitsatz muß auf eine wichtige Ausweichmöglichkeit hingewiesen werden, die der englische Mathematiker CAYLAY (1821—1895) angegeben hat. Danach genügt eine Höchstzahl von vier Farbtönen, um mit ihnen ein beliebiges Flächenmosaik anzulegen, ohne daß Flächen gleichen Farbtones benachbart liegen, es sei denn, sie stoßen nur mit einer Spitze aufeinander. Dieses Verfahren von CAYLAY, das sehr oft in Atlanten für politisch-geographische Karten angewandt wird, genügt jedoch nur der reinen Kontrastierung von Farbflächen. Es gibt keine Antwort auf die Frage, wo sich welche verschiedene Arten von Erscheinungen und Sachverhalten, sondern lediglich wo sich verschiedene Arten befinden. Die Farbtöne sind also den Erscheinungen und Sachverhalten nicht eindeutig zugeordnet.

Zwei weitere Leitsätze nehmen Bezug auf die substantiellen Verwandtschaften und Gegensätzlichkeiten.

4. Sind artverschiedene Erscheinungen und Sachverhalte in ausgesprochen artverwandten Gruppierungen darzustellen, so ist auf Konvention und Assoziation in der Sache zu verzichten, sofern sie adäquate Grup-

pierungen nach Farbtonverwandtschaften nicht zulassen. Diese sind dann in Anlehnung an die Vorstellungsverknüpfung von Verwandtem aussagewirksam in den Vordergrund zu stellen (Blau-Grün-Gruppe, Gelb-Orange-Gruppe, Rot-Violett-Gruppe). Sonst ist nach dem 2. Leitsatz a) und c) zu verfahren.

5. Sind artverschiedene Erscheinungen und Sachverhalte in ausgesprochen konträrer Gruppierung darzustellen, so sind unter Verzicht auf Konvention und Sachassoziation in Anlehnung an die Vorstellungsverknüpfung von Gegensätzen komplementäre Farbtongruppen zu wählen, die in der Intensität gleich und im Farbgewicht ausgeglichen sind (Rot-Orange, Grün-Blau).

Wir haben festgestellt, daß zur Erzielung der Farbintensitätsgleichheit die Farbgewichtsunterschiede sich weitgehend ausschalten lassen (vgl. S. 146/147). Das gilt unter der Voraussetzung, daß gleiche Flächengrößen vorliegen. Sind diese jedoch sehr verschieden groß, so wird unter Umständen die gewonnene Gleichheit wieder gestört, insofern als der visuelle Eindruck der Intensitätsgleichheit einer Farbtonfolge abnimmt, wenn Flächengrößen und Farbgewicht in gleicher Richtung zunehmen. Um dem zu begegnen, sollte die folgende Regelung befolgt werden:

6. Sollen Flächen unterschiedlicher Größe farbintensitätsgleich mit verschiedenen Farbtönen angelegt werden, so sind mit kleiner werdenden Flächen Farbtöne mit zunehmendem Farbgewicht und umgekehrt zu wählen.

Die Darstellung von Wertverschiedenheiten ist generell durch das Zuordnungsprinzip (b, c) geregelt. In ihm sind zwei Möglichkeiten angegeben, einer Wertfolge graphischen Ausdruck zu verleihen, einmal durch die Intensitätsvariation innerhalb eines Farbtones, zum anderen durch die Intensitätsvariation über mehrere benachbarte Farbtöne hinweg. Dabei müssen Intensitätssteigerung und Gewichtszunahme der Farbtöne gleichgerichtet sein. Daraus resultieren vier weitere Leitsätze:

7. Einfarbtonige Intensitätssteigerungen werden dann vorgenommen, wenn die Zahl der Wertstufen klein genug ist, um hinreichende Farbkontraste zu erzielen, und zwar in dem Farbton, der in bezug auf den darzustellenden Sachverhalt konventionell oder assoziativ gebunden ist. Bei freier Wahl sollten aus Kontrastgründen die extremen Farbtöne großen und kleinen Gewichtes gemieden werden.

8. Mehrfarbtonige Intensitätssteigerungen sind anzuwenden, wenn die Zahl der Wertstufen so groß wird, daß einfarbtonige Intensitätssteigerungen eine hinreichende Kontrastierung nicht mehr gewährleisten. Dann ist

es angebracht, die unterste Intensitätsstufe in den hellsten Bereich des Farbtones mit dem niedrigsten Farbgewicht (entsättigtes Gelb) zu legen und die Steigerung mit zunehmendem Farbgewicht und jeweils zunehmender Intensität sowohl in Richtung Rot als auch Blau zu entwickeln. Da ohnehin nur diese beiden Wege offenstehen, sind etwa bestehende konventionelle oder assoziative Bindungen zu Sachverhalten ohne Belang.

Gemäß dem 8. Leitsatz gibt es also zwei Möglichkeiten, Wertstufen durch mehrfarbtonige Intensitätsstufen darzustellen, jeweils von 0 (entsättigtes Gelb) bis zu dem vorgegebenen maximalen Wert (gesättigtes Rotviolett oder gesättigtes Blauviolett). Es erscheint jedoch vorteilhaft, jeder der beiden Darstellungsmöglichkeiten jeweils einen gesonderten Sachverhalt vorzubehalten. Es ist ein allgemein anerkanntes und durch Erfahrung begründetes Phänomen, daß der Orange-Rot-Bereich als „warm" empfunden wird, der Grün-Blau-Bereich aber als „kalt". Die Wärme wiederum werten wir als ein Positivum, die Kälte als ein Negativum. Diese Empfindungsverknüpfung macht man sich in der Kartographie zunutze, indem festgelegt wird:

9. Sind darzustellende Wertverschiedenheiten gradueller Natur, so ist den als „positiv empfundenen" Aussagen die mehrfarbtonige Intensitätssteigerung im Orange-Rot-Violett-Bereich, den als „negativ empfundenen" Aussagen die entsprechende im Grün-Blau-Violett-Bereich zuzuordnen. Sind sie konträrer Natur (z. B. Zu- oder Abnahme), so ist von beiden gleichzeitig Gebrauch zu machen, wobei der Null- bzw. ein sonstiger Bezugswert in den ungesättigten Gelbton zu legen ist. Konventionelle Sachverhaltsbindungen können nicht berücksichtigt werden. Dagegen ist die unmittelbare Vorstellungsverknüpfung mit dem zugrunde liegenden Sachverhalt notwendig.

Die letzte Forderung erläuternd, sei darauf hingewiesen, daß die Entscheidung über die Farbtonwahl sich überhaupt erst aus der Assoziation ergibt, und zwar aus der unmittelbaren Assoziation. Wenn beispielsweise Hoch- und Tiefdruckgebiete farblich veranschaulicht werden sollen, dann ist dem Hoch als dem Positivum die gelb-rote und dem Tief als dem Negativum die grün-blaue Farbtongruppe zuzuordnen und nicht umgekehrt mit dem Argument etwa, daß das Hoch durch Abkühlung verursacht wird und das Tief durch Erwärmung. Dieser Sachverhalt ist für die Darstellung erst ein mittelbarer.

Im Zusammenhang mit der Darstellung von Wertverschiedenheiten entsteht die Frage nach einer adäquaten graphischen Behandlung von Diskreta und Kontinua, auf deren Unterschied bereits A. Hettner (1910) hingewiesen und der später von H. Louis (1959) im Hinblick auf die „Grundmöglichkeiten des kartographischen Ausdrucks" schärfer herausgearbeitet wurde. In der Tat besteht wie in der topographischen Kartographie so auch in der thematischen Kartographie die darstellbare Substanz aus den beiden nebengeordneten Erscheinungen und Sachverhalten der Diskreta und der Kontinua, und dort wie hier muß der graphische Ausdruck ihrem wesenhaften Unterschied entsprechen. Wir haben kennengelernt, welche Mühe in der topographischen Kartographie auf die anschauliche Darstellung des Reliefs als eines Kontinuums verwendet wird, auch in der thematischen Kartographie sollte die Frage von Belang sein. Auf den ersten Blick mag eine Übereinstimmung zwischen Art- und Wertdarstellungen einerseits und den Darstellungen von Diskreta und Kontinua andererseits vermutet werden. Das ist aber nicht der Fall. Wertverschiedenheiten sind nicht allein ein Kennzeichen der Kontinua, sondern greifen verbreitet auch in den diskreten Erscheinungs- und Sachverhaltsbereich über. Der Unterschied liegt darin, daß sie hier abgrenzbar sind, dort aber ein nicht begrenzbares „Relief" infinitesimaler Wertunterschiede bilden (Druckfeld der Atmosphäre). Kontinua sind also nur Teil der Sachverhalte und Erscheinungen mit Wertverschiedenheiten. Ihrer Besonderheit aber sollte graphisch in folgender Weise entsprochen werden:

10. Kontinua werden graphisch als solche behandelt, d. h. die kontinuierlichen Übergänge in den Wertverschiedenheiten sind nicht durch Farbintensitätsstufen zu verfälschen, sondern müssen durch fließende Übergänge, wenigstens aber durch sehr weiche Kontraste der zu verwendenden ein- oder mehrfarbtonigen Intensitätsskala veranschaulicht werden. Um die Meßbarkeit zu ermöglichen, ist die Einzeichnung von Isolinien angebracht.

Diesem Leitsatz ist zu entnehmen, daß neben Farbton und Farbintensität auch die zu wählenden Kontraste für die Darstellung eine — im Falle der graphischen Unterscheidung von Diskreta und Kontinua — entscheidende Rolle spielen. Für die Veranschaulichung von Wertunterschieden sind sie eine notwendige Voraussetzung, für die Farbharmonie in der Karte können sie von Übel sein. Zu weiche Kontraste verwischen die Wertunterschiede, zu harte zerstören unter Umständen die Harmonie. Diese Feststellung verweist auf einen Weg des „Sowohl-Als-auch."

11. Die Wahl des Härtegrades von Kontrasten muß sich an einer Grenze orientieren, die sowohl die hinreichende Erkennbarkeit aller in der Karte darzustellenden Wert- und Artunterschiede als auch eine ausgewogene Farbharmonie im ganzen Kartenbild ermöglicht.

Aus dieser Direktive folgt zweierlei: 1. daß die Aufbereitung der Wertstufen (Gruppenbildung) gegebenenfalls weitgehend von den graphischen

Möglichkeiten her bestimmt werden muß und 2. daß die Farbton- bzw. Farbintensitätsstufung nicht allein von der Zusammenstellung in der Legende her beurteilt werden darf, sondern auch aus ihrem Zusammenspiel in der Karte abgeleitet werden muß.

Alle diese Leitsätze entheben den Kartographen nicht der Pflicht, jeder Karte eine Legende beizugeben, in welcher die Zuordnung von Farben, Formen und Sachverhalten in concreto und en détail erläutert wird. Sie hat den Zweck, jede Mehrdeutigkeit auszuschließen und höchstmögliche Eindeutigkeit herzustellen. Das ist mit Hilfe allgemeiner Leitlinien nicht möglich, da in ihrem Rahmen jeder Karteninhalt einer individuellen Behandlung bedarf. Leider wird gerade auf diesem Gebiet in der thematischen Kartographie viel gesündigt, insbesondere im Hinblick auf die Vollständigkeit der Legenden sowohl in den Bereichen der Art- als auch der Wertaussagen. Aus diesem Grunde sei schließlich auch diese Forderung in die Form eines Leitsatzes gebracht.

12. Jede kartographische Darstellung muß eine Legende (einen Zeichenoder graphischen Schlüssel) enthalten, durch welche die Zuordnung von Graphik und Inhalt in allen Einzelheiten eindeutig festgelegt ist.

Die hier angeführten zwölf Leitsätze gelten sinngemäß auch für die Rastermuster, mit gewissen Einschränkungen allerdings, dadurch begründet, daß die Farben Integrationsresultate sind, die Rastermuster dagegen die addierten Punkt- und Linienelemente immer erkennen lassen. Soweit die Leitsätze Artdarstellungen betreffen, haben sie sinngemäß auch Geltung für die Signaturen — besonders für die mit Farbtönen kombinierten. Nicht anwendbar auf die reinen Signaturen sind die Leitsätze für Wertdarstellungen. Hierin besteht zwischen Farben und Rastern einerseits und Signaturen andererseits ein grundlegender Unterschied. Letztere ermöglichen exakt meßbare und daher eindeutige Zuordnungen von Sachverhalt und graphischem Ausdruck, erstere dagegen nicht.

Zuordnungsprinzip und Leitsätze sind zunächst mit Blick auf den analytischen Kartentyp entwickelt worden, und es wäre nun ihre Gültigkeit auch für komplexe und synthetische Karten zu überprüfen. In komplexen Karten sind immer wenigstens zwei Sachverhalte nebeneinander darzustellen. Dabei sollte grundsätzlich zunächst jeder Sachverhalt für sich gemäß dem Zuordnungsprinzip und den Leitsätzen graphisch umgesetzt und also wie in analytischen Karten behandelt werden. Erst die Zusammensetzung erfordert eine streng individuelle Behandlung des Komplexes, und sie erfordert sie in jedem Fall. Sie wird bestimmt von der Bedingung, daß die Unterschiedlichkeit der darzustellenden Sachverhalte auch graphisch zum Ausdruck kommt, daß also graphisch zwischen ihnen eine reinliche Scheidung angestrebt werden muß. Das kann erreicht werden durch die Herausarbeitung verschiedener graphischer Niveaus entweder mit Hilfe unterschiedlicher Farbtongruppen oder durch die Verwendung von Farben, Rastern und Signaturen nebeneinander; mitunter führt beides nicht zum Ziel. Möglicherweise wird das Problem der Leitsatzkonkurrenz auftreten, das nur gelöst werden kann entweder durch einen gewissen Grad von Kompromißbereitschaft in der graphischen Gestaltung wie in der Stoffaufbereitung oder durch Beachtung des Grundsatzes: In der Beschränkung zeigt sich der Meister! — Für die synthetischen Karten gilt dann gleiches, wenn die Bausteine der Synthese in Form von Durchdringungen dargestellt werden und dem Betrachter der Vollzug der Integration überlassen bleibt. Ist diese Synthese dagegen begrifflich vollzogen, dann unterscheidet sich die synthetische Karte graphisch in nichts von der analytischen.

Der Wertmaßstab. Die Umsetzung von Werten in einen graphischen Ausdruck bedarf einer Regelung ihrer Relationen. Mit U. FREITAG (1962, S. 134 f.) bezeichnet man sie als Wertmaßstab zum Unterschied vom Kartenmaßstab. Von diesem unterscheidet sich jener grundsätzlich dadurch, daß nicht Längen gleicher Maßeinheiten zueinander ins Verhältnis gesetzt werden, sondern Werte in irgendeiner Maßeinheit zu Farbintensitäten oder Signaturabmessungen gegebenenfalls anderer Maßeinheiten. Es werden lediglich Zuordnungen festgesetzt, die es erlauben, aus dem graphischen Ausdruck mehr oder weniger genaue Rückschlüsse auf die der Darstellung zugrunde gelegten Werte bzw. Wertverschiedenheiten zu ziehen.

Bei der Farbzuordnung übernimmt eine Stufenskala verschiedener Farbintensitäten die Funktion einer Maßstabsleiste, der jedoch keine Maßstabsgleichung zugrunde liegt. Eine solche zu erstellen, wäre nur dann möglich, wenn die Farbintensitäten meßbar fixiert werden können. Es stehen also auf der einen Seite immer die gleichen beiden möglichen Intensitätsskalen (einfarbtonige, mehrfarbtonige) — allerdings durch verschiedene Farbtöne und Spannweiten abwandelbar —, auf der anderen Seite die verschiedensten Wertreihen, verschieden sowohl hinsichtlich der Maßeinheit, der Spannweite aber auch der Wertgruppierung und Intervallbildung. Solche werden notwendig — obwohl die Wertreihen kontinuierlich anwachsen können —, weil der Wertkontinuität nicht eine ebensolche der Farbintensitätskontinuität ohne entscheidende Nachteile für Abschätzung und Vergleichbarkeit gegenübergestellt werden kann. Gruppen- und Intervallbildungen können vorgenommen werden auf der Grundlage gleichbleibender Wertzuwachse (arithmetische Gruppen), gleichmäßig steigender oder fallender Wertzuwachs (geometrische, logarithmische Gruppen usw.) oder unregelmäßig steigender oder fallender Wertzuwachs. Letztere werden gewonnen mit Hilfe von Sinn- oder Häufigkeitsschwellen (natürliche Gruppen).

Diese ganz verschieden wachsenden Wertreihen können ihren graphischen Niederschlag nur in den beiden möglichen Farbintensitätsskalen finden, deren Intensitätsabstände von Stufe zu Stufe im allgemeinen gleich erscheinen. Obwohl objektiv eine Äquidistanz sicher nicht vorhanden ist, so doch aber im visuellen Eindruck. Es ist sogar das Ziel, visuell gleichwirkende Kontraste zu erreichen, um eine eindeutige Verbindung des Vergleichs zwischen Karte und Legende herzustellen. Oft ist jedoch dieses Bemühen vergeblich und der Effekt der, daß die Kontraste mit abnehmender Intensität kleiner werden und die Intensitätssteigerung umgekehrt dann eine progressive ist. Im Falle der visuellen Äquidistanz entspräche die Intensitätsskala der arithmetischen Gruppierung einer wirklichen Wertreihe, im anderen Falle auch der geometrischen oder einer anderen nach einer mathematischen Gesetzmäßigkeit gewonnenen. Eine konforme Abbildung kann demnach nur für die arithmetische Gruppierung erzielt bzw. angestrebt werden, in allen anderen Fällen nicht — insbesondere auch nicht für die häufig gebrauchten natürlichen Gruppen. Da auch in der Spannweite den Farbintensitätsskalen Grenzen gesetzt sind, den Wertreihen aber nicht — diese also unter Umständen gestaucht werden müssen oder gedehnt werden können —, ist ein klare, eindeutige, gesetzmäßige Zuordnung nicht möglich. Es müssen daher die Farbintensitätsskalen jeweils mit den gemeinten Wertzahlen versehen werden. Gleiches gilt für die Darstellung in Rasterintensitäten. Beide Ausdrucksformen kommen vornehmlich in den sogenannten Relativdarstellungen zur Verwendung, in denen die Wertreihen aus Quotienten von Zahlenverhältnissen bestehen.

Anders verhält es sich mit den Signaturen, die das graphische Rüstzeug in erster Linie der Absolutdarstellungen sind. Sie sind in ihren Abmessungen exakt faßbar und können somit über eine Maßstabsfunktion jeder beliebigen Wertreihe mit und ohne Gruppen eindeutig zugeordnet werden. Es ist jedoch zu unterscheiden zwischen der mathematischen Eindeutigkeit und der visuellen. Sie decken sich nur, wenn 1. das Maßstabsverhältnis ein lineares ist $\left(B = \dfrac{B_1}{N_1} \cdot N\right)$, d. h. gleichen Zuwachsen in der Wertreihe auch immer gleiche Zuwachse in der Signaturabmessung entsprechen, und wenn 2. die Abmessung entweder auf ein lineares Element der Signatur oder auf auszählbare Grundeinheiten bezogen wird. Diesen beiden Bedingungen zugleich werden am besten gerecht die von E. IMHOF (1962) so bezeichneten „Stabmethode" und „Zählrahmenmethode", bedingt nur noch die „Kleingeldmethode". Diese Methoden sind aber nur insoweit anwendbar, als sie in einem tragbaren Verhältnis zum Kartenmaßstab, zum Kartenformat und schließlich zum Kartenbild überhaupt stehen. Das ist insbesondere nicht mehr der Fall, wenn bei gleichbleibender Intervalldifferenzierung die Spannweiten der Wertreihen erheblich anwachsen oder umgekehrt bei gleichbleibender Spannweite die Intervalldifferenzierung zunimmt. Es gibt dann nur zwei Möglichkeiten, den entstehenden Darstellungsschwierigkeiten auszuweichen: entweder von der Inhaltsaufbereitung her sowohl Spannweiten als auch Intervalldifferenzierung den graphischen Erfordernissen anzupassen oder die Bedingung des Bezugs auf lineare Signaturelemente fallen zu lassen, d. h. auf areale oder gar kubische Abmessungen überzugehen. Mit dem Fortfall dieser oben so bezeichneten zweiten Bedingung entsteht aber dann zwangsläufig eine zunehmende Diskrepanz zwischen der mathematischen Eindeutigkeit und der visuellen. Selbst wenn die so bezeichnete erste Bedingung der linearen Proportionalität erhalten bleibt, so kann das menschliche Auge einen doppelten Zuwachs in der Wertreihe nicht mehr als einen solchen in der arealen Darstellung erkennen, geschweige denn in der kubischen. Hier sind die Fehleinschätzungen potenziert, weil im Grunde genommen kein reales dreidimensionales Gebilde vorliegt, sondern sein perspektivisches Bild in der Ebene. Dennoch nimmt man zumeist diese Nachteile in Kauf, um die Meßbarkeit nicht aufgeben zu müssen. Nicht gutzuheißen allerdings ist, von den Inhalten der zwei- und dreidimensionalen Signaturen als Bezugselemente für die Abmessung abzugehen und sie durch andere — etwa die Oberfläche bei der Kugel — zu ersetzen. Damit wird die Verwirrung vollständig.

Um die Diskrepanz zwischen mathematischer und visueller Eindeutigkeit zwar nicht ganz aufzuheben, aber doch zu mildern, ist eine Methode entwickelt worden, die es erlaubt, jede Spannweite und Intervalldifferenzierung von Wertreihen in den Kartenrahmen einzupassen und zugleich die visuell günstige Stab- und Zählrahmendarstellung zu verwenden (JENSCH 1952). Es ist nur notwendig, die lineare Beziehung $B = \frac{B_1}{N_1} \cdot N$ als Sonderfall der allgemeinen Wertmaßstabsfunktion $B = \sqrt[n]{k \cdot N}$ zu betrachten, die n-Möglichkeiten der Darstellung bietet (vgl. Abb. 50). k ist eine jeweils aus den Maximalwerten $\frac{B^n_{max}}{N_{max}}$ zu bestimmende Maßstabskonstante. Das Bild einer solchen Maßstabsgleichung ist eine Schar von konvexen und konkaven Kurven oberhalb und unterhalb der Geraden für $n = 1$, die zwischen den Maximal- und Minimalwerten sowohl der gegebenen Wertreihe (N_{max} und N_{min}) als auch der wählbaren Signaturabmessungen (B_{max} und B_{min}) eingespannt ist. Um der visuellen Eindeutigkeit möglichst nahe zu kommen,

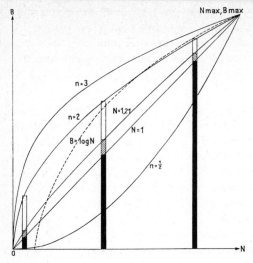

Abb. 50: *Kurvendiagramm der Maßstabsfunktion* $B^n = k \cdot N$ *(aus „Die Erde", H. 3/4, 1951/52)*

kann der dafür maßgebende günstigste Wert für n bestimmt werden

$$n = \frac{\log N_{\max} - \log N_{\min}}{\log B_{\max} - \log B_{\min}}.$$

Diese Kurve ist dann die flachste, deren Abweichung von der Geraden am geringsten ist.

Zuweilen wird die Zuordnung von Wertreihen und Signaturabmessungen völlig gesetzlos rein nach dem visuellen Eindruck vorgenommen, also ähnlich wie bei der Bildung von farbigen Maßstabsleisten. Es entsteht dann eine Signaturreihe mit visuellen Äquidistanzen auf Kosten der Meßbarkeit. Es sind im Kartenbild nur Signaturunterschiede festzustellen, nicht aber die Größe der Unterschiede. Um die Unterschiedskonstraste zu erhöhen, werden nach einer anderen Methode die Wertsignaturen nicht nur in ihrer Größe verändert, sondern auch in ihrer Form (Stadtsignaturen in Atlanten). Das sollte der Eindeutigkeit wegen nur zulässig sein, wenn nach dem Zuordnungsprinzip auch eine Artveränderung zum Ausdruck gebracht werden soll.

Bewegungs- und Entwicklungskarten. Eingangs (vgl. S. 140) ist darauf hingewiesen worden, daß die raumbezogene Substanz auch durch ihre Lage in Raum und Zeit gekennzeichnet ist. Für die weitere Betrachtung waren diese Lagekoordinaten zunächst unberücksichtigt geblieben, und unser Interesse galt allein der Darstellung von Zuständen der Erscheinungen und Sachverhalte. Sobald sich aber Veränderungen im Lagekoordinatensystem von Raum und Zeit vollziehen, muß die Fragestellung sich auf diese Veränderungen konzentrieren. Daraus ergeben sich dann folgerichtig kinematische Darstellungen, die reine Bewegungen im Raum, und genetische Darstellungen, die reine Entwicklungen in der Zeit aufzeigen. Als Oberbegriff, der beide umfaßt, könnte der Begriff der dynamischen Karte gebraucht und allein dann verwandt werden, wenn Sachverhaltsänderungen im Raum von solchen in der Zeit sich nicht trennen lassen, weil sie integriert sind. Die Umsetzung derartiger räumlich-zeitlicher Veränderungen in graphische Ausdrucksformen liegt noch sehr im Argen und ist eine unbewältigte Aufgabe, der sich die Kartographie noch anzunehmen hat. Es bedarf der Erarbeitung besonderer Darstellungsmethoden, die mit dem Mittel der Assoziation möglichst unmittelbar den Ablauf von Geschehnissen in Raum und Zeit verdeutlichen (vgl. W. PLAPPER 1969).

Seit den schon 1941 gegebenen Anregungen von W. BEHRMANN sind Fortschritte in dieser Hinsicht so gut wie nicht erzielt worden. Nach BEHRMANN geht es darum — ähnlich wie beim Ziel der unmittelbar anschaulichen Reliefdarstellung — graphische Mittel und Wege zu finden, die in der Vorstellung des Betrachters den Eindruck des Verharrens im dargestellten Zustand nicht zulassen bzw. die der Vorstellung des Betrachters die nächste Bewegungsphase aus der dargestellten vorhergehenden zwangsläufig abfordern. Die Bewegung darf nicht gedacht werden, sie muß sich unmittelbar aufdrängen. In der Darstellenden Kunst ist dieses Problem seit langem gelöst (Beispiel der Laokoon-Gruppe des AGESANDROS usw.); es ist die Frage, ob es in der Kartographie mit gleichem Erfolg lösbar ist.

Die bisherigen Methoden beschränken sich im wesentlichen auf Darstellungen durch Vektoren oder nur Richtungspfeile. Daneben gibt es das Deckblattverfahren, das den Vergleich von Zuständen an bestimmten Zeitpunkten erlaubt und dadurch mittelbar eine Vorstellung von der Änderung hervorruft. In ähnlicher Weise führt das Verfahren der Mehrfachdarstellung von Zuständen auf mehreren Kartenblättern nebeneinander — im Grunde genommen eine analytische Methode — zu einem ebenfalls als mittelbar zu bezeichnenden Erfolg. Aus dieser Mehrfachdarstellung ist die Phasendarstellung als Komplexkarte entwickelt worden, bei der der alte Zustand jeweils mit in die Darstellung der neuen übernommen und dort graphisch — gegenüber der Hauptaussage etwas zurücktretend — zum Ausdruck gebracht wird. Sowohl hier als auch in der komplexen Einfachdarstellung ist die Möglichkeit gegeben, von der mehrfarbtonigen Intensitätsskala — wie sie der Veranschaulichung von Wertverschiedenheiten dient — Gebrauch zu machen.

Die topographische Trägerkarte. Es ist ein Verdienst von H. LOUIS, auf die notwendige Verknüpfung von thematischer Aussage mit ihrer topographischen Beziehungsgrundlage hingewiesen zu haben. Dieser Hinweis kann nicht ausdrücklich genug unterstützt werden, denn eine kartographisch fixierte thematische Aussage über eine Erscheinung in georäumlicher Lage ohne die Möglichkeit, diese Lage auszumachen, ist sinnlos. Jede thematische Karte bedarf einer hinreichenden topographischen Beziehungsgrundlage, denn ihre Aufgabe ist es, sowohl das einwandfreie Erkennen der dargestellten thematischen Aussage selbst als auch das Erkennen der Raumkorrelationen dieser thematischen Aussage zu ermöglichen. Nun können die Beziehungen der thematischen Aussage zu ihrer topographischen Grundlage doppelter Art sein, nämlich kausaler einerseits und rein lageorientierender Art andererseits. Beide müssen in der Darstellung so weit wie nur irgend möglich auseinandergehalten werden, damit kausale Zusammenhänge nicht dort erweckt werden, wo keine vorhanden sind. Es wäre z. B. absurd, aus der Kombination von darzustellender Bevölkerungsdichte und Gewässernetz unbedingt auf eine kausale Verknüpfung schließen zu wollen; das Gewässernetz ist aber dennoch für die Lageorientierung bedeutungsvoll. Es erscheint deshalb angebracht, jeder thematischen Darstellung zum Zwecke der Lageorientierung grundsätzlich eine topographische Trägerkarte unterzulegen, wenn auch im graphischen Ausdruck so zurückhaltend, daß sie die thematische Aussage nicht stört bzw. zu ihr in einem deutlichen Ausdruckskontrast steht. Das kann durch eine farbneutrale Grautönung geschehen. Damit entsteht eine Zweiebenenkarte (JENSCH 1964, S. 116), in der Topographie und Thema visuell voneinander getrennt sind. Sobald aber engere Zusammenhänge zwischen thematischer Aussage und topographischer Grundlage deutlich gemacht werden sollen (z. B. Klima und Höhenlage), dann gehören sie zur thematischen Aussage, und dann muß das betreffende topographische Element graphisch mit in die thematische Aussage einbezogen, gleichsam in die Aussageebene angehoben werden. Das heißt, der sonst erwünschte Ausdruckskontrast zwischen thematischer Aussage und topographischer Grundlage muß in diesem Falle aufgehoben werden.

Trotz dieser eben erörterten graphischen Ausdruckstrennung zwischen thematischer Aussage und topographischer Trägerkarte kann dennoch die Gefahr einer Überbelastung der Karte entstehen, wenn die topographische Substanz etwa kritiklos in die Thematische Karte eingebaut wird und eine gegenseitige Abstimmung unterbleibt. Für sie gelten vier Grundsätze (LOUIS 1960, S. 54):

1. Beschränkung der topographischen Grundlage auf ihre wichtigsten Bestandteile, soweit diese für die räumliche Orientierung unbedingt notwendig sind. Dazu gehört selbstverständlich das Gradnetz.

2. Einhaltung einer oberen Grenze der graphischen Dichte in der topographischen Trägerkarte. H. LOUIS gibt hierfür einen aus der Wahrnehmbarkeit und Schätzfähigkeit abgeleiteten Richtwert von 4 bis 8 mm Maximalabstand der topographischen Darstellungselemente an. Er gilt grundsätzlich für alle Maßstäbe, sollte aber bei kleinmaßstäbigen Karten auf 3 bis 6 mm herabgesetzt werden.

3. Generalisierung der topographischen Grundlage in Anlehnung an den Grad des maßgebundenen und freien Generalisierens in den Maßstabsklassen der Topographischen Karte (vgl. S. 132).
4. Thesengebundene Generalisierung der thematischen Aussage, d. h. an einer bestimmten These orientierte graphische und inhaltliche Vereinfachung des Darstellungsstoffes gemäß der Maßstabsänderung. Insbesondere die Beachtung dieses Punktes ermöglicht die Unterlegung einer topographischen Trägerkarte in der notwendigen Dichte und bannt die Gefahr der Überbelastung.

Eine besondere Rolle fällt der topographischen Trägerkarte zu, wenn die thematische Aussage nicht zur Füllung des gesamten Kartenfeldes ausreicht, wenn also aus irgendwelchen Gründen das bearbeitete Gebiet mit dem Kartenfeld nicht übereinstimmt. In solchen Fällen entstehen auch die sogenannten Inselkarten, die an den Rändern des Kartenfeldes unschöne leere Flächen aufweisen. Hier wird es immer möglich sein, die Topographie über den thematischen Ausschnitt hinaus bis zum Kartenfeldrahmen durchzuzeichnen. Damit gewinnt nicht nur die Lageorientierung eine Erweiterung, sondern auch die anzustrebende Ausgewogenheit des Kartenbildgefüges eine Verbesserung.

Die Darstellung der Erde im Kartenbild ist eine Aufgabe, die wie ein roter Faden die Kulturgeschichte der Menschheit durchzieht. Wenn wir heute an einem Punkt angelangt sind, an dem das bisher praktisch Erreichte wissenschaftstheoretisch zu untermauern und der Faden also weiter zu knüpfen versucht wird, so sollen und können damit keineswegs irgendwelche Patentlösungen angestrebt werden. Mag mancher Begriff, manche Formulierung den gegenteiligen Eindruck erwecken, als Direktiven haben sie nur den Sinn, den Rahmen abzustecken, in welchem kartographisches Schaffen sich frei bewegen kann. Es geht nicht darum, Normen zu schaffen, sondern Gestaltungsimpulse zu empfangen aus den sinnvollen Ordnungen, die den Dingen innewohnen. E. IMHOF (1956, S. 167) sagt: „Die Lösung einer mathematischen Aufgabe ist richtig oder falsch, die Lösung einer kartographischen Aufgabe aber ist gut oder schlecht. Hierin zeigt sich die Verwandtschaft einer kartographischen mit einer künstlerischen Aufgabe. Die Lösungen sind stets mehr oder weniger subjektiv. Dies ist eine Schwäche aber auch ein großes Privileg kartographischen Schaffens!"

Literatur

ARNBERGER, E., *Beiträge zur Geschichte der angewandten Kartographie und ihre Methoden in Österreich;* Wien 1957.
Ders., *Handbuch der thematischen Kartographie;* Wien 1966.

BECK, W., *Geländeformen, Reproduktion, Topographische Karten und Karten-Abbildungen;* in: Handbuch der Vermessungskunde, Bd. 1a, 10. Aufl., Stuttgart 1957.

BEHRMANN, W., *Wünsche der Geographie an die amtliche Kartographie;* in: Pet. Geogr. Mitt. 1930.
Ders., *Statische und dynamische Kartographie;* in: Jahrbuch der Kartographie, Leipzig 1941.

BERTIN, J., *Geographische Semiologie;* Berlin 1974.

BORMANN, W., *Allgemeine Kartenkunde;* Lahr 1954.
Ders., *Atlaskartographie;* Pet. Geogr. Mitt., Erg.-H. 264 (Haack-Festschrift), Gotha 1957.
Ders., *Gedanken zur kartographischen Begriffsbestimmung;* in: Pet. Geogr. Mitt., H. 2, 1959.
Ders., *Die Ausdrucksform der kleinmaßstäbigen Karte;* Nachrichten aus dem Karten- und Vermessungswesen, Reihe I: Deutsche Beiträge und Informationen, H. 37, Frankfurt 1966.

BOSSE, H., *Kartentechnik.* Bd. I: *Zeichenverfahren;* Bd. II: *Vervielfältigungsverfahren;* Lahr 1954/55.
Ders., *Technische Konferenz der Vereinten Nationen über die Internationale Weltkarte 1 : 1 Mill. . . .;* in: Kartogr. Nachr., H. 6, Gütersloh 1962.

CARLBERG, B., *Schweizer Manier und wirklichkeitsnahe Karte — Probleme der Farbgebung;* in: Kartogr. Nachr. H. 4, Bielefeld 1954.

Chorographische Kartographie; Sammlung Wichmann, Karlsruhe 1971.

Die amtlichen topographischen Kartenwerke der Bundesrepublik Deutschland; Sammlung Wichmann, Karlsruhe 1969.

DRAHEIM, H., *Die Verwendung von Satelliten in der Geodäsie;* in: Allg. Verm.-Nachr., H. 10, 1960.

ECKERT, M., *Die Kartenwissenschaft. Forschungen und Grundlagen zu einer Kartographie als Wissenschaft;* 2 Bde., Berlin und Leipzig 1921/25.

FINSTERWALDER, R., *Begriffe Kartographie und Karte;* in: Geogr. Taschenbuch 1951/52.

FREITAG, U., *Der Kartenmaßstab — Betrachtungen über den Maßstabsbegriff in der Kartographie;* in: Kartogr. Nachr., H. 1, Gütersloh 1962.

GAUSS, C. F., *Bestimmung des Breitenunterschiedes zwischen den Sternwarten Göttingen und Altona (1828);* hrsg. v. BÖRSCH und SIMON, Berlin 1887.

GEISLER, W., *Das Bildnis der Erde;* Halle 1925.

GELLING, J., *Kartengitter in ihrer Verknüpfung mit dem Gradnetz in europäischen Kartenwerken;* Unveröff. Dipl.-Arbeit, Berlin 1968.

GRAF, U., *Zur Behandlung der flächentreuen Kartennetze;* Frankfurt/M. 1941.
Ders., *Mathematik für Kartographen;* Pet. Geogr. Mitt., Erg.-H. 244, 1951.

GROSSMANN, W., *Die Geodäsie als Beispiel einer Approximationswissenschaft;* in: Österr. Ztschr. f. Vermessungswesen; Nr. 1, Baden bei Wien 1966.

HAKE, G., *Kartographie I u. II;* Sammlung Göschen, Berlin 1975.

HEISKANEN, W. A., *The Columbus Geoid;* Transactions, American Geophysical Union, Vol. 38, No. 6, 1957, S. 841.

HEISSLER, V., *Kartographie;* Sammlung Göschen, Bd. 30/30a, Berlin 1962.

HEMPEL, L., *Möglichkeiten und Grenzen der Auswertung amtlicher Karten für die Geomorphologie;* in: Tagungsbericht und wiss. Abhandl. Dtsch. Geographentag Würzburg, Wiesbaden 1959.

HERGENHAHN, G., *Die Bestimmung der Erdgestalt mit Hilfe künstlicher Satelliten;* in: Ztschr. f. Vermessungswesen, H. 9, Stuttgart 1960.

HETTNER, A., *Die Eigenschaften und Methoden der kartographischen Darstellung;* in: Geogr. Ztschr., Leipzig 1910.

HEYDE, H., *Die Ausdrucksformen der Angewandten Kartographie;* in: Kartogr. Nachr., H. 6, Gütersloh 1961.

HÖLZEL, F., *Zur Geländedarstellung in thematischen Karten;* Pet. Geogr. Mitt., Erg.-H. 264 (Haack-Festschrift), Gotha 1957.

IMHOF, E., *Gelände und Karte;* Erlenbach-Zürich 1951.
Ders., *Aufgaben und Methoden der theoretischen Kartographie;* in: Pet. Geogr. Mitt., H. 2, 1956.
Ders., *Die Vertikalabstände der Höhenkurven;* in: Festschrift C. F. BAESCHLIN, Zürich 1957.
Ders., *Isolinienkarten;* in: Internationales Jahrbuch für Kartographie, Bd. I, Gütersloh 1961.
Ders., *Reliefdarstellung in Karten kleiner Maßstäbe;* in: Internationales Jahrbuch für Kartographie, Bd. I, Gütersloh 1961.
Ders., *Heutiger Stand und weitere Entwicklung der Kartographie;* in: Kartogr. Nachr., H. 1, Gütersloh 1962.
Ders., *Thematische Kartographie. Beiträge zu ihrer Methode;* in: Die Erde, H. 2, 1962.
Ders., *Kartographische Geländedarstellung;* Berlin 1965.
Ders., *Thematische Kartographie;* Berlin 1972.

ITTEN, J., *Kunst der Farbe, Subjektives Erleben und objektives Erkennen als Weg zur Kunst;* Ravensburg 1961.

JENSCH, G., *Der nichtlineare Maßstab auf angewandten Karten;* in: Die Erde, H. 3/4, Berlin 1951/52.
Ders., *Ein themakartographischer Kommentar zum Atlas von Berlin;* in: Internationales Jahrbuch für Kartographie, Bd. IV, Gütersloh 1964.
Ders., *Zum Grundprinzip der Zuordnung von Farbe, Form und Sachverhalt;* Veröff. d. Akademie f. Raumforschung und Landesplanung, Bd. 51, Hannover 1969.

KELLAWAY, G. P., *Map Projections;* 2. Aufl., London 1957.

KNORR, H., *Zur Entwicklung der amtlichen deutschen Kartenwerke 1 : 200 000 bis 1 : 1 Mill.;* Mitt. d. Inst. f. Angewandte Geodäsie, Reihe B: Angewandte Geodäsie — 22, Frankfurt/M. 1955.

KUIPER, G. P., und MIDDLEHURST, B. M. (Hrsg.), *Planets and Satellites. The Solar System;* Vol. III, Chicago und London 1961.

LAUTENSACH, H., und FISCHER, H.-R., *Kartographische Studien;* Pet. Geogr. Mitt., Erg.-H. 264 (Haack-Festschrift), Gotha 1957.

LEHMANN, E., *Die Kartographie als Wissenschaft und Technik;* in: Pet. Geogr. Mitt., H. 2, 1952.
Ders., *Zur Problematik der Nationalatlanten;* in: Pet. Geogr. Mitt. 1959.
Ders., *Die Heimatkunde als Aufgabe der thematischen Kartographie — dargestellt an einem Kartenentwurf des Elbsandsteingebirges;* in: Geogr. Ber., H. 20/21, 1961.

LEMMER, A., *Die Projektion der Internationalen Weltkarte 1 : 1 000 000 (Kritische Betrachtung und Verbesserungsvorschläge);* Deutsche Geodät. Komm. bei der Bayer. Akad. d. Wiss., Reihe C: Dissertationen 49, München 1962.

LITTROW, J. J. v., *Die Wunder des Himmels;* 11. Aufl., Bonn 1963.

LOUIS, H., *Die Maßstabsklassen der Geländekarten und ihr Aussagewert;* in: Geogr. Taschenbuch, Wiesbaden 1958/59.
Ders., *Die Karte als wissenschaftliche Ausdrucksform;* in: Tagungsbericht u. wiss. Abh. Dtsch. Geographentag Würzburg, Wiesbaden 1959.
Ders., *Zum Problem der Wirtschaftskarte;* in: Erdkunde, H. 3, Bonn 1959.
Ders., *Die thematische Karte und ihre Beziehungsgrundlage;* in: Kartogr. Nachr., H. 4, Bielefeld 1959, und Pet. Geogr. Mitt., H. 1, Gotha 1960.

MEYNEN, E., *Bauregeln und Formen des Kartogramms;* in: Geogr. Taschenbuch, Stuttgart 1951/52.
Ders., *Einheit von Form und Inhalt der Thematischen Karte;* in: Tagungsbericht u. wiss. Abh. Dtsch. Geographentag Würzburg, Wiesbaden 1959.

MÜHLIG, F., *Grundlagen und Beobachtungsverfahren der Astronomischen Ortsbestimmung;* Sammlung Wichmann, Bd. 20, Berlin 1960.

OSTWALD, W., *Die Harmonie der Farben;* Leipzig 1918.

OTREMBA, E., *Kartographische Probleme der Kulturgeographie;* in: Kartogr. Nachr., H. 2, Bielefeld 1958.
Ders., *Die Bezugsgrundlagen zur Darstellung wirtschaftlicher Sachverhalte in Atlanten und Wirtschaftskarten;* in: Kartogr. Nachr., H. 3, Gütersloh 1961.

PASCHINGER, H., u. RIEDL, H., *Grundriß der Allgemeinen Kartenkunde.* I. Teil; 3. Aufl.; Innsbruck 1967
Ders. und SCHIMPP, O., *Grundriß der Allgemeinen Kartenkunde.* II. Teil; 3. Aufl., Innsbruck 1966.

PILLEWIZER, W., *Die Geländedarstellung in Atlaskarten und der topographische Erschließungszustand der Erde;* in: Kartogr. Nachr., H. 2, Gütersloh 1961.
Ders. und TÖPFER, F., *Das Auswahlgesetz, ein Mittel zur kartographischen Generalisierung;* in: Kartogr. Nachr., H. 4, Gütersloh 1964.

PLAPPER, W., *Die kartographische Darstellung von Bevölkerungsentwicklungen;* Diss., Berlin 1969.

PREOBRAZENSKIJ, A. I., *Ökonomische Kartographie;* Gotha 1956.

RAISZ, E., *General Cartography;* London, New York 1948.

ROBINSON, A. H., u. SALE, R. D., *Elements of Cartography;* 3. Aufl., New York 1969.

SALISTSCHEW, K. A., *Einführung in die Kartographie;* Gotha 1967.

SCHIEDE, H., *Die Farbe in der Kartenkunst;* in: Kartengestaltung und Kartenentwurf, Arbeitskreis Niederdollendorf, Mannheim 1962.

SCHULTZE, J. H., *Zur Vereinheitlichung wirtschaftsgeographischer Karten;* in: Raumforschung und Raumordnung, H. 1, 1944.

SCHULZ, G., *Versuch einer optimalen geographischen Inhaltsgestaltung der Topographischen Karte 1 : 25 000 am Beispiel eines Kartenausschnittes;* Berliner Geogr. Abhandl., H. 7, Berlin 1969.

SIEWKE, T., *Kleine Kartenkunde;* 2. Aufl., Berlin 1943.

STEERS, H. A., *An introduction to the study of map projections;* London 1970.

STOCKS, T., *Fragen der thematischen Geographie;* in: Pet. Geogr. Mitt., H. 4, 1955.

Ders., *Grenzproblem zwischen Originalkartographie und geographischer Kartographie;* Pet. Geogr. Mitt., Erg.-H. 264 (Haack-Festschrift), Gotha 1957.

STRUVE, O., *Astronomie. Einführung in ihre Grundlagen;* Berlin 1962.

STUMPFF, K., *Die Erde als Planet;* Verständliche Wissenschaft, Bd. 42, Berlin, Göttingen, Heidelberg 1955.

Untersuchungen zur thematischen Kartographie. Teil 1, 2 u. 3; Hannover 1969, 1971, 1973.

WAGNER, H., *Mathematische Geographie; Allgemeine Erdkunde,* hrsg. v. W. MEINARDUS, 1. Teil: Mathematische Geographie; Hannover 1938.

WAGNER, K.-H., *Kartographische Netzentwürfe;* 2. Aufl., Mannheim 1962.

WHIPPLE, F. L., und VEIS, G., *Erdvermessung mit Satelliten;* in: Bild der Wissenschaft, H. 5, 1965.

WILHELMY, H., *Kartographie in Stichworten;* 2. Aufl., Kiel 1972.

WITT, W., *Thematische Kartographie. Methoden und Probleme, Tendenzen und Aufgaben;* Hannover 1970.

Ders., *Thematische Kartographie und Raumforschung;* Sonderdruck der Akademie für Raumforschung und Landesplanung 1960.

Ders., *Bevölkerungskartographie;* Hannover 1971.

WOLF, H., *Das von L.* TANNI *bestimmte Geoid und die Frage der Elliptizität des Erdäquators;* Mitt. d. Inst. f. Angewandte Geodäsie, Nr. 14, Frankfurt/M. 1956.

WYSZECKI, G., *Farbsysteme;* Göttingen 1960.

ZACH, W.-D., *Die Entwicklung der modernen Kartenaufnahmeverfahren im beginnenden 16. Jahrhundert — Ein Beitrag zur Geschichte der Kartographie;* unveröff. Dipl.-Arbeit, Berlin 1968.

ZÖPPRITZ-BLUDAU, *Leitfaden der Kartenentwurfslehre;* Leipzig, Berlin 1912.

Register

Abplattung 18, 20—27, 32
Abwicklung 56—60, 83
Achsendifferenz 27, 32
Achsendrehung (Erde) 29
AITOFF, D. 73, 95
Alpha Centauri 29
Andromeda-Nebel 10
Angewandte Karte 97
Anziehungskraft 12, 18, 19, 36, 38
Aphel 32—34, 38, 45
Apsidenlinie 32, 33, 38
Äquator 41
Äquatorbogen 46
Äquatorhöhe 43
äquatorständig 55
Äquatorwulst 36
Äquideformaten 55
Äquidistanz 23, 107—114, 123, 129—131, 162, 164

Äquinoktiallinie 32, 35, 37, 38
Äquinoktien 36, 46
Äquipotentialfläche 20
ARCHIMEDES 14, 15
ARISTOTELES 14, 15
ARNBERGER, E. 135, 143, 155
Artgleichheit 144—156
Artverschiedenheit 144—159
Artverwandtschaft 156
Assoziation 156—158, 165
Astronomische Einheit 10
Ausgangsmaßstab 132
Aussagecharakter 100
Auswahlgesetz 132
Azimut 40, 44, 65, 73

BAILIE, A. E. 21
BEHRMANN, W. 76, 95, 165

Beleuchtungskreis 35, 36
Beleuchtungsrichtung 114, 116, 117
Berechnungsformeln (Erde) 28
Bergstriche 120
Berührungskegel, erdachsiger 56—60, 87, 88
Berührungsmeridian 89, 91, 93
Berührungsparallelkreis 57—60, 75, 87
Berührungszylinder, erdachsiger 75—78, 83
Berührungszylinder, querachsiger 89, 91
BESSEL, W. 27, 28
Bessel-Ellipsoid 89
Bestimmungsgrößen 13, 23
Bewegungen (Erde) 28

Bewegungskarte 164
Bezugsellipsoid 21, 92
Bezugsmeridian 48, 92, 93
Blatteckenwert 93
BONNE, R. 60
BORMANN, W. 128
Böschungsmaßstab 108
Böschungsschraffe 111—115, 120
Böschungsschummerung 115, 116
BOSSE, H. 124
BOUGWER, P. 20
Breite, geographische 16, 19, 26—46, 71
Breite, geozentrische 26
Breitengrad 41
Breitenkreise 41
Breitenschwankung 38, 39
Breitenteilungsgesetz 64, 75, 76, 83, 84, 86
Breitenzone (Oberfläche) 28
Brennstrahlen 33, 34

CAYLAY, H. 156
CHAMBERLAIN-MOULTON 11
CHANDLER, S. C. 39
Chorographische Karte 97
CLAIRAUT 20
CLARKE, A. R. 88
Columbusgeoid 21
DE LA CONDAMINE 20
Corioliskraft 30

Datumsgrenze 49
Deformation (Geoid) 23
Deklination 46, 94
DELISLE, G. 60
DESCARTES, R. 145
Detaillierung 134, 135
Deutsche Grundkarte 100
Deutsche Karte 100
Deutsche Methode 115
Dichte (Gestirne) 13
Dichtekarte 142
DIERCKE, P. 120
Diskreta 104, 136, 151, 158, 159
Doppelstern 12
DUFOUR, G.-H. 115
Durchmesser, äquatorialer und polarer 27
Durchmesser (Gestirne) 13

Ebene, erdachsige 64—71
Ebene, querachsige 69—74, 78
Ebene, schiefachsige 69, 72, 74, 78
ECKERT, M. 85, 95
Eigengesetzlichkeit, graphische 143
Eigenschaftssignatur 124, 126
Eindeutigkeitsgrenze, untere 133
Eindeutigkeit, visuelle und mathematische 162, 163
Ekliptik 32—36, 46, 49, 50
Ellipsoid, internationales 91
Elliptizität 21
Entwicklungskarte 164
ERATOSTHENES 14, 16—18
Erdachse, polare, äquatoriale 19
erdachsig 55
Erdbahn, elliptische 12, 31—33, 38
Erdbahnhalbmesser 10, 12
Erdbahnumfang 32
Erdellipsoid 20—26, 88—91
Erdradius 28
Erdrotation 28, 30, 31, 43, 47
Erdteilkarte 101, 103, 130
Erdumfang 16, 18
Eruption, solare 94
EULER, L. 39
E-Wert 92
Existenzkonstanz 104
extrasolar 11
Exzentrizität, lineare und numerische 24, 27, 31, 32

Fallversuch 30
Farben, bunte und unbunte 145, 152—154
Farbgebung, luftperspektivische 117, 118, 122, 123, 130
Farbgewicht 146, 152—158
Farbharmonie 145, 159
Farbintensität 146—162
Farbkegel 145
Farbkörper 152, 153
Farbkreis 145, 152, 154
Farbkugel 145, 152
Farbmetrik 145
Farbpsychologie 145

Farbstufen, konventionelle 118—122
Farbton 146—161
Farbtonfolge 146—148, 153—157
Farbtonverwandtschaft 157
Felsschraffe (Felszeichnung) 112, 123
FERNEL, J. 18
Ferro (Nullmeridian) 40
Fiktion 106, 110, 136
Finsternislinie 33
Fische (Sternbild) 33, 36
Fixstern 11, 29, 30, 43, 46, 47, 50
Flächendiagrammkarte 142
Flächentönung 115, 116, 127, 129, 146
Flächentreue 53—86, 95
Flächenverzerrung 54, 81, 95
Folgemaßstab 132
Formentypenanalyse 124
Formenverfälschung 117
Formlinieneffekt 111, 113, 117
Formenplastik 115—117, 125
Formtreue 54, 73, 75, 86, 87, 95
Formzahl 24
Formverzerrung 58, 77, 81, 85, 86, 95
FOUCAULT, L. 29
Französische Methode 115
FREITAG, U. 161
FRISIUS, GEMMA 16
Frühlingsanfang 36, 38
Frühlingspunkt 32—38, 46, 50
Funkpeilung 43

Galaxis 10
Gasnebel 11, 12
GAUSS, C. F. 19, 20, 89, 92, 93
Gebirgsschraffen 120, 129
Geländekarte 97
Geländeterrassierung 120
Generalisierung 51, 96, 98, 100, 113, 120, 128—135, 167
Generalkarte 97, 103
Generalstabskarte 100
Geodäsie 135
Geographie 135, 137

171

Geographische Karte 97
Geoid 20—23
Geoidschale 20
Geoidundulation 20—23
Gerippelinie 123
Gesichtstreue 54
Gestalt (Erde) 14
Gewöhnliche Karte 97
Gezeitenwirkung 11
Gitterlinien 90, 93, 94
Gittermaschen 90, 91
Gittersprung 91
Globus 52
Gnomon 17
Gradabteilungskarte 88, 89, 94
Gradfeld 41
Gradmessung 16
Gradnetz 52—55
Gradnetzabbildung, großmaßstäbige 87
Gradnetzprojektion 55
Gravitationsfeld 21
Gravitationstheorie 12, 19
Greenwich (Nullmeridian) 40, 43, 48, 49, 91, 93
Gregorianischer Kalender 50
Grenzmeridian 91
Größe (Erde) 14, 15
Großkreis 16, 41, 44
GROSSMANN, W. 20
Großraumtriangulation 21
Grundprinzip der Zuordnung 150—153
Grundrißähnlichkeit 127
Grundrißdarstellung 104
Grundrißtreue 127
Gruppierung, arithmetische, geometrische und logarithmische 161, 162
GUGLIELMI 30

Halbachse, große und kleine 21—23, 26, 27, 32, 33
Halbmessergesetze 66—74
HAMMER, E. 73, 95
Häufigkeitsschwelle 162
Haupthöhenlinie 108
Hauptmeridian 89—93
HAYFORD, J. F. 21, 27, 28, 91
HEISKANEN, W. A. 21
Hell-Dunkel-Effekt 111—117

Herbstanfang 36
HETTNER, A. 158
HEYDE, H. 140
Hilfsazimut 70
Hilfsgradnetz 69, 70
Hilfshöhenlinie 108
Hilfsmeridian 71
Hilfsparallelkreis 71
Himmelsäquator 36, 41
Himmelsmeridian 46
Himmelspol 37—42
Hochwert 90—92
Höhenlinie 106—130
Höhenschichten 119—121
Höhenschichtlinie 121
Horizont, natürlicher und scheinbarer 14, 23
v. HUMBOLDT, A. 19
HUYGENS, CH. 19

IMHOF, E. 105—111, 116—133, 140—142, 162, 167
Indikatrix 54, 65, 76
Inhaltsgestaltung 103
Inklination 94
Inselkarte 167
Instabilität, dynamische 94
Intensitätsabstufung .148—152
Internationale Weltkarte 87, 88, 97, 101, 119, 124
Interpretationskarte 140
Intervallbildung 161, 163
Ionosphäre 94
Isobathe 106, 107
Isodeformaten 55
Isohypse 106, 107, 113, 116, 130
Isohypsen, schattenplastische 111
Isolinie 142, 159
ISOTOW, A. 93
IZSAK, I. 21—23

Jahr 45
Jahreszeiten, astronomische 35
Jahreszeitenachsenkreuz 37, 38
JEANS, J. 11
JENSCH, G. 163, 166
Jupiter 13, 18

Kalenderjahr 36, 50
KANT, I. 11
Karte 52
Karte, analytische 139, 160
Karte, angewandte 140
Karte des deutschen Reiches 100, 112, 113, 115
Karte, dynamische 140, 144, 164
Karte, genetische 144, 164
Karte, komplexe 139, 160
Karte, qualitative und quantitative 139
Karte, statische 140
Karte, synthetische 139, 160, 161
Kartenaufnahme 96
Kartenbeschriftung 128
Kartenentwurf 96
Kartengestaltung 96
Kartengitter 90—94
Kartenherstellung 96
Karteninhalt 52, 96, 124, 137—139
Kartennetze 56
Kartennetz, azimutales 65, 95
Kartennetzkonstruktion 55
Kartenmaßstab 161, 163
Kartenoriginal 96
Kartenreproduktion 96
Kartenverwendung 96
Kartenwerke, amtliche deutsche 53, 100, 127
Kartodiagramm 140
Kartogramm 140
Kartographie 51, 52, 135, 167
Kartographie, amtliche 104
Kegel 55, 95
Kegelmantel 55—57, 87
Kennziffer 90, 93
KEPLER, J. 12, 31, 34, 45
Kimm 14
Klaffung 87, 88
Kleingeldmethode 162
Klimaänderung, säkulare 39
KÖHNLEIN, W. 23
Kometen 12
Konstruktion 55
Konstruktion, abstandstreue 56, 87
Konstruktion, äquidistante 68—74

172

Konstruktion, flächentreue
68, 72—76, 83, 95
Konstruktion, gnomonische
65
Konstruktion, mittabstandstreue 68, 69, 73
Konstruktion, orthodromische 65, 66
Konstruktion, orthographische 64, 66, 68
Konstruktion, polykonische
87, 88
Konstruktion, sinuslinige
83, 85
Konstruktion, stereographische 66, 68, 74, 78
Konstruktion, winkeltreue
78, 84
Konstruktion, zentrale 65
Konstruktionspol 58, 59, 62
Kontinua 104, 136, 150,
158, 159
Kontrastharmonie 156
Konvention 156—158
Koordinaten, geographische
41
Koordinaten, sphärische 39,
42, 52
KOPERNIKUS, N. 28
Kopie 96
Kotenplan 105, 106, 110
KOZAI, Y. 21
KRASSOWSKIJ, F. N. 93
KRITZINGER, H. 12
KRÜGER, L. 89, 92, 93
Kugelgestalt (Erde) 14—20
Kugelzone 41, 75
Kulmination 16, 23, 46
Kulminationshöhe 15, 16, 42
Kurslinie 81

Lagerelation 52
LAMBERT, J. H. 68, 72, 73,
75, 77, 95
Länderkarte 101, 103
Länge, ekliptikale 46
Länge, geographische 26—28,
42—46, 71
Längendifferenz 43
Längengrad 41, 49
Längenkreise 40
Längentreue 53, 58—91
Längenverzerrung 53, 54
LAPLACE, P. S. 11, 19

LAUTENSACH, H. 121
Legende 125, 155, 160, 162
LEHMANN, E. 51
LEHMANN, J. G. 112
Leitlinien, themakartographische 155—160
Leitsatzkonkurrenz 161
Lichtgeschwindigkeit 29
Lichtjahr 9, 10
Linksablenkung 31
LISTING, B. 20
Lotabweichung 20
LOUIS, H. 101, 104, 131,
133, 158, 165, 166
Loxodrome 44, 45, 81

Makroraster 153
Mars 13
Masse (Gestirne) 13
Maßstab 52, 53, 98, 100,
136
Maßstab der wachsenden
Breiten 82
Maßstabsänderung 128, 129
Maßstabsfunktion 52, 162,
163
Maßstabsgleichung 52, 53, 82
Maßstabsmodul 53, 61, 101
MAUPERTIUS 20
Mehrfachdarstellung 165
Mengensignatur 142
MERCATOR, G. 78, 83—86,
95
Mercator Grid System 91
Mercatornetz 53, 90, 95
Mercator Projection 91
Meridian 40—52
Meridianbogen 20, 26, 28,
41, 42, 57, 60, 62
Meridiandurchgang 30, 42,
43, 47·
Meridianellipse 33
Meridiankonvergenz 93, 94
Meridiankrümmungsradius
26
Meridianstreifen 48, 89—93
Meridianstreifenabbildung
89—95
Merkur 12—14
Meßtischblatt 100, 108
Meteor 12
MEYNEN, E. 140
Mikroraster 153
Milchstraße 10, 11

Mißweisung 94
Mittabstandstreue 73
Mitteleuropäische Zeit 48
Mitternachtsgrenze 49
MOLLWEIDE, K. 73, 83, 95
Mondfinsternis 15
monothematisch 98
Mosaikkarte 142
v. MÜFFLING, C. 112

Nachtbogen 35, 36
Nadelabweichung 94
Nebularhypothese 11
Neptun 13
Netz, orthodromisches 66
NEWTON, I. 12, 19
Niveaulinie 106—120, 130,
131
Niveaulinienscharung 111
Nordrichtung des Gitters 94
Nordrichtung, geographische
und magnetische 94
Normale 25, 26, 41
Normal-Null 107
NORWOOD, R. 18
Nullmeridiane 40, 46
Nutation (Erde) 28, 37, 38
NW-Beleuchtung 114, 116
N-Wert 92

Oberfläche (Erde) 28
Objektgesetzlichkeit 143, 144
Objektsignatur 124
O'KEEFE, J. 21
Orientierung, örtliche 39
Orientierung, zeitliche 45,
49
Orthodrome 44, 45
Ortsbestimmung, geographische 44
Ortsdiagrammkarte 141
Ortszeit 43, 48, 49
Ortszeit, wahre und mittlere
48
OSTWALD, W. 145
Oszillation (Erde) 28, 39

Paläomagnetismus 39
Paradoxon, graphisches 114,
116
Parallaxe 10
Parallelkreisbogen 26—28,
41, 57

173

Parallelkreise 41, 45, 52
Parallelkreis-Krümmungs-
 radius 26
Parallelprojektion 55, 64,
 75, 105
PARMENIDES 14
Parsec 10
Pegel (Amsterdam und
 Kronstadt) 107
PENCK, A. 119
Pendelversuch 19, 29
Perihel 32, 33, 34, 38, 45
Phasendarstellung 165
Physikalische Karte 97
Physische Karte 97
PICARD, J. 18
PILLEWIZER, W. 132
Planeten 11—14, 18, 36, 38
Planeten-Ursprungs-Theorie
 11
Planzeiger 91
PLATO 14
Plattkarte, quadratische 78,
 79
Pluto 13, 14
Pol, geographischer und
 magnetischer 94
Polarkreis, nördlicher und
 südlicher 34, 35
Polarstern 37
Pole 40, 41
Polentfernung 42
Polhöhe 15, 16, 26, 42, 43
Polhöhenschwankung 39
Pollinie 57, 63, 75, 77, 85,
 86
polständig 55
Polwanderung 38, 39
Polyedernetz 88, 95
Polyederprojektion, preu-
 ßische 89, 95
polythematisch 99, 135, 136
POSIDONIOS 18
Positionskarte 141
Positionstreue 140
Präzession (Erde) 28, 33,
 36—38, 50
Präzessionsschwankung 38
Privatkartographie 101
Projektion 55
Projektion, stereographische
 92
Protoplaneten-Hypothese 12
Pseudo-Areal 142

Pseudoisolinien 142
Pulkowo (Nullmeridian) 40

Quellenkarte 140
querachsig 55, 69, 72, 73

Radarpeilung 43
Radius (Erde) 16
Raster 105, 141, 149, 150,
 153, 160, 161
Rasterdichte 149, 150, 154,
 162
Rastermuster 149, 150,
 153—155, 160
Raumraffung 51
Rechtsablenkung 31
Rechtschnittigkeit 55—86
Rechtswert 90, 91, 92
Refraktionskorrektur 42
Reichsamt für Landesauf-
 nahme 108
Reine Karte 97
Rektaszension 46
Relief 104—131, 159
Reliefkontinuum 110
Reliefschwund 106
Reliefumkehr 117
Revolution (Erde) 28, 31, 47
Revolutionssphäroid, ellip-
 tisches 19
RICHER, J. 18
Richtungswinkel 40, 65
Rotation (Erde) 28, 30, 46
Rotationsachse 10
Rotationsellipsoid 19—27, 41
Rotationsgeschwindigkeit
 11, 40, 49
Rotationssysteme 9, 10
Rotationszeit, -dauer 13, 30
Rotationszentrum 10
Rückwärtseinschneiden 43,
 155

SANSON, N. 83, 85, 86
Satelliten, künstliche 21, 43,
 134
Satellitenbahnmethode 21
Sättigung 146—152, 158
Saturn 15, 18
Schaltjahr 36, 50
Schalttag 50
Schatteneffekt 116
Schattenplastik 121—123

Schattenschraffe 114, 115,
 120, 123
Schattenschummerung 116
Schattierung, kombinierte
 116
Schichtlinie 106
SCHIEDE, H. 145, 152
schiefachsig 55, 69, 72
Schiefe der Ekliptik 34, 38,
 46
Schiefschnittigkeit 86
Schnittellipse 23
Schnittkegel, erdachsiger 60,
 88
Schnittparallelkreis 60—63,
 76, 77
Schnittzylinder, erdachsiger
 76
Schnittzylinder, querachsiger
 91
Schrägbeleuchtung 111, 114,
 116
Schräglichtschattierung 116,
 117, 121, 122, 123, 129,
 130
Schütze (Sternbild) 37
Schwereanomalien 21
Schwerebeschleunigung 18,
 19
Schwerelot 23
Schwerepotential 20, 23
Schwerkraft 20, 21
Schwingungsebene 29
Seekartennull 107
Senkrechtbeleuchtung
 111—114
Siderisches Jahr 34, 50
Signatur 113—164
Signaturform 149—155
Signaturgröße 149—152,
 161
Signaturmenge 149—152
Singularisierung 105
Sinnschwelle 162
Sinuslinien 83
Situationstreue 140
Solstitiallinie 32, 35
Solstitien 35, 37, 46
Sommeranfang 36
Sommersonnenwende 17
Sonderkarte 97
Sonnenabstände 12, 13
Sonnenbahn, scheinbare 33
Sonnenhöhe 42, 43

Sonnenkulmination 36, 45, 46
Sonnenstillstände 35
Sonnensystem 11—14
Sonnentag, mittlerer 45, 47, 50
Sonnentag, wahrer 45—47
Sonnenuhr 48
Sonnenwende 37
Sonnenzeit, wahre und mittlere 47, 48
Spezialkarte 97
Sphäroid 19, 36, 88, 90
Spiegelsextant 42
Spiralsysteme 10
Stabmethode 162, 163
Stadien 17
Sternbilder 33, 37, 47
Sterndichte 10
Sterntag 30, 46, 47
Sternzeit 47
STOKES, G. G. 21
Strahlen, radiale 57, 63, 64
Streckenmessung, geodätische 16
Streuungskarte 142
Stundenkreis 46
Substanz, erdraumbezogene 52, 136, 137, 144, 164
Substanz, thematische 141, 143, 145
Substanz, topographische 104, 113, 124, 164
SYDOW, E. 118
Symbol 125, 128, 145
Syntax, kartographische 156

Tag 45
Tagbogen 35, 36
Tag- und Nachtgleiche 36, 46
Thematische Karte 97, 98, 135—140, 159, 160, 165, 166
Tiefenlinie 106, 107
Tierkreis 33
Tönung 105, 110
TÖPFER, F. 132
Topographische Karte 97—100, 125—135, 159
Topographische Plankarte 103
Topographische Spezialkarte 103

Topographische Übersichtskarte 103
Topographische Übersichtskarte des Deutschen Reiches 100
Trabant 11—13
Trägerkarte, topographische 165—167
transversal 55
Triangulation 16
Tropisches Jahr 36, 50

Überlappung 89
Übersichtskarte von Europa 101, 116
Übersichtskarte von Mitteleuropa 100, 116, 127
Übertragungstreue 54
Umbezifferung 73
Umfang (Erde) 16, 18
Umlaufdauer (Erde) 34
Umlaufzeit, siderische 13
Uranus 13
UTM-Gitter 91, 92, 115
UTM-Meldesystem 92, 93

VEIS, G. 22, 23
Venus 13
Verdrängung 133
Verebnung 53, 90, 91
Verkleinerung 52, 53
Verkürzungsfaktor 62
VERNE, JULES 49
Verteilungskarte 142
Verzerrung 52—57, 63—69, 87
Verzerrungsausgleich 91
Verzerrungsellipse 65
Vielflächner 88
Vogels Karte des Deutschen Reiches 101
Volumen (Erde) 28
Volumen (Gestirne) 13
Vorstellungsverknüpfung 156, 157, 158

WAGNER, H. 101
WAGNER, K. H. 95
Wassermann (Sternbild) 33, 36
v. WEIZSÄCKER, C. F. 12
Weltbild, geozentrisches und heliozentrisches 28, 29

Weltraumraketen 9, 15
Weltzeit 43
Wendekreis 18
Wendekreis des Krebses und Steinbocks 34, 35, 37
Wenschow-Karte 106, 121, 130
Wertgleichheit 144—153
Wertgruppierung 161
Wertmaßstab 161
Wertverschiedenheit 144—161, 165
Wesenheitskennzeichnung 144
Westeuropäische Zeit 48
WHIPPLE, F. L. 22, 23
Widderpunkt 32, 33, 36
WINKEL, O. 95
Winkelgeschwindigkeit 18, 30
Winkelmessung, astronomische 16
Winkeltreue 53—86
Winkelverzerrung 54, 55, 73, 76
Winteranfang 36
Wissenschaftliche Karte 97
WITT, W. 135, 137, 155

Zählkurve 107, 111
Zählrahmenmethode 162, 163
Zeitdifferenz 43
Zeitgleichung 47, 48
Zeitvergleich 43
Zenitstand (Sonne) 17, 18, 35
Zenitstern 42
Zenitwinkel 42
Zentralprojektion 55, 65, 66, 105
Zirkumpolarstern 42
Zodiakus 33
Zonenzeit 48
Zuordnung, adäquate 144—146, 150, 151, 155
Zuordnungsprinzip 150—161
Zweckkarte 97
Zweiebenenkarte 166
Zweiecke, sphärische 41
Zwillinge (Sternbild) 37
Zwischenkurven 109
zwischenständig 55
Zylinder 55, 95
Zylinderentwurf, echter und unechter 83

175

DAS GEOGRAPHISCHE SEMINAR

Herausgeber Prof. Dr. EDWIN FELS
  Prof. Dr. ERNST WEIGT
  Prof. Dr. HERBERT WILHELMY

Bisher erschienen
WEIGT	*Die Geographie*
FOCHLER-HAUKE	*Verkehrsgeographie*
ILLIES	*Tiergeographie*
DIETRICH	*Ozeanographie*
SCHERHAG/ BLÜTHGEN	*Klimatologie*
RICHTER	*Geologie*
PANZER	*Geomorphologie*
WILHELM	*Hydrologie und Glaziologie*
NIEMEIER	*Siedlungsgeographie*
JÄGER	*Historische Geographie*
HOFMEISTER	*Stadtgeographie*
JENSCH	*Kartographie*
GILDEMEISTER	*Landesplanung*

Weitere Titel zur Vervollständigung der Reihe sind in Vorbereitung, u. a.:

NITZ	*Agrargeographie*
RUPPERT/ SCHAFFER	*Sozialgeographie*
WEIGT	*Wirtschaftsgeographie*

westermann